念波と波動電気

高木利誌

明窓出版

念波と波動電気

パート2　波動電気の時代

パート3　波動医療

パート4　次世代の君たちへ

はじめに

振り返る九十有余年、私の人生とは、なんであっただろうか。

両親の教育やご指導を仰ぎつつ、ひたすら家族のため、地域のため、国のために努めてきたつもりである。


小さい頃は特に、その折々の時代背景、世界情勢に振り回されていた。

小学校時代、中学校、高校時代、最終的な進路を決める大学時代と、私にも様々な歴史がある。

目標とする人生計画と家族の思い（希望される将来）などなど、生き方についてはその都度、考えさせられてきた。


母は、祖母や曾祖母の看病と、三男、大の出生の疲れから心臓脚気といった病気になっていた。

小学校に入学した当時から、長男である私は住み込み従業員3人を含む家族の朝食の準備をした。下校すると、元気のよい弟、大のお守りである。

満州事変から、だんだんとエスカレートして大東亜戦争が勃発するまで、小学校では級長としてクラスの面倒をみて、部落では通学団の団長として、部落の出征兵士の子どもたちを引率などする毎日であった。


小学校卒業後には、旧制刈谷中学へ入学した。中学はその後、教育改革により自動的に新制高校になっていた。

軍事訓練も受けたし、学徒動員では校庭を耕して、サツマイモなどの食糧を育てていた。

そこで、恩師である石原先生に教わった水あめの作り方は、本当に役に立った。なにより、そのおいしかったことが忘れられない。

そして、学区制改革により、新制高校になり、父の勤めでパン製造業を開業した。

これが製造業と販売業の基礎を勉強する、素晴らしい機会となった。同時に、またとない生活の安定を確保する手段ともなった。

当時、米一俵（60キロ）が五円だったが、二十五万円もの大金を農協から借金してのスタートだった。

ありがたいことにパンはよく買って頂けて、高校の一年で二十五万円の借金を返済し、六十万の貯金を残すこともできた。


大学に進むにあたって、私は理科系を志望したのだが、恩師から、「理科系の勉強は一生できるが、人間を作るのは今しかない、文科系へ進んで、人間を作り変えてきなさい」と言って渡されたのは、中央大学の願書である。

その願書のおかげで、現在の私があると言える。


その後、販売の根本的な技術を習得しようと商社の就職試験を受け、内定通知をいただくも、卒業間際に不景気により内定取り消しにあった。

急遽、学務課から、運輸省臨時職員募集に推薦いただくも、上級幹部は全員東京大学卒業者だとわかり、一週間で退職。

どうしようかと思いつつ、ふらりと行った岐阜の駅で「警察官募集」の張り紙を見て、絶対絶命の中で、有り難くも採用通知をいただけた。

この警察官生活の勉強に勝る人生経験は無いと思われる。


そして、恩給権の取得と同時に退職。

帰郷して、

「なんで帰ってきた。今すぐに出て行け」と兄妹夫婦に怒鳴られつつも、退職金も含めた有り金を全部父に渡し、これから始める新事業のために借金をお願いした。

「ゼロから始めて、必ず成功させてみせる」と意気込んでいた私に、父が「プラスチックのメッキ」という本を授けてくれた。

これをもとに、プラスチックの不良品を最初の実験材料として試作品作りを開始した。

豊田の自動車、センチュリーの小物部品が初めてのメッキで、次が検査器具の厚メッキであった。

すると、鋳物工場の設計部門で勤めていた弟の大が、

「現在、アメリカでは、金型にメッキをして、長くもつようにしている」という情報をもたらしてくれた。

そこで、鋳物型をメッキする方向に変更して、金型メッキ専門工場として本出発となった次第であった。

それからは、自著で何度も書いてきたとおり、私の作る物は工業試験所でも受け付けて頂けなかったが、私の会社独自の製品は、知人にお願いして試してもらったりしていた。

「自然エネルギーを考える会」も設立して、会員さんにもずいぶんとご協力を賜った。

しかし、出来上がった技術について、発表禁止とまで言われることもあった。

例えば、市役所から払い下げていただいた廃棄電池や、バッテリーが再生できる技術であるが、

「こんなものが広まっては電気屋さんが困ってしまう」と、役所からは認められなかった。

それでも、再生のための「波動テープ」を独自に開発し、災害地には携帯電話充電用にご

寄付させていただくなどしてきた。

それがたまたま、お医者様にわたり、癌の患者さんが二週間～一ヵ月で体調が回復し、退院した例を知らせていただくこともできた。

しかし、「こんなものができたら、医者も仕事を失い、病院もつぶれる」という厳しいご意見もちょうだいした。


また、メッキ工場は、社長を弟の大の息子である恒にお願いすることになったが、顧客の命令とかで、私が以前に苦労をして導入した外国特許の技術も廃棄したという。

オーナーである私に一言もなく、工場も事務所も追い出されてしまった。

新社長は、「工場はもらってやるが、早く全部を渡せ」と言う。

私の作る物には興味がなく、欲しいのは、工場と預金。

もちろん私は、今更お金に興味はないが、私が無一文になってしまっては、家族の生活は誰が面倒をみてくださるのだろうか。

私がなにか言おうとすると、「お前はぼけておる、黙っていろ」とまで言われる始末なのだ。

やむなく、自宅の物置を新作業所とし、新会社、「合同会社波動科学研究所」を設立した。

現在では、次女夫婦に経営を依頼することにしている。

やる気は十分でも、体力の衰えには勝てないのが、老人の悲しさである。

現在は、病気になりにくくする、予防医学に役立てるため、水を変えるコースターについて研究しつつ、電池、バッテリーを長寿命化する容器の実験中で、ほぼ完成している。

恩師や父のありがたい助言などをいただきつつ開業した後から、家族の支えもあってなんとか無事に生活をすることができた。

こうしてまだ本を書けるのも、周囲の温かい励ましやサポートのおかげさまである。

気力や元気があるうちに、これまでの軌跡や開発品についてなど、綴っていく次第である。

パート1　関英男博士と念波

電波時計

我が家の調理場の窓際に、電波時計が置いてある。

電波時計について、耳慣れない向きも多いと思われるので、時計メーカーのカシオのホームページから、解説部分を引用する。

＊＊＊（引用始め）

気が付いたら、腕時計の時刻が数分ズレていて予定に間に合わなかったり、慌てて行動したりといった経験をしたことはありませんか。時刻合わせが面倒で、結局正確な時間はスマホで確認してしまうことも多いでしょう。

そうした悩みを解決できるのが、電波時計です。電波時計は自動で正しい時刻に補正されるため、定期的な時刻合わせをする必要がありません。

電波時計とは?

電波時計とは、高精度な周波数に基づく原子時計を基準にした正確な時刻情報の電波を受信し、自動的に時刻を合わせる機能を持つ時計のこと。そのため自分で時刻合わせをする通常の時計よりも、高い精度での時刻表示が可能です。

電波時計の仕組み

電波時計はどのように正しい時刻を受信しているのでしょうか。

その名の通り、電波時計内部には電波受信機が組み込まれており、国内2カ所の電波局から発信される標準電波を受信しています。

＊＊＊(引用終わり)

この電波時計を窓際に置いてから、何年ほどたつかは定かではないが、三年ほど前のある時に、時間表示が消えてしまった。

「電池が切れた」と思い、電池を換えようとした時に、「いや、物は試し」と私の作る波動テープを時計の裏側に置いてみた。

すると、あら不思議、翌日にはまた、正確に時を刻んでいるではないか。

これによって、いったん低下した電池が波動テープによって充電できることがわかった。

私が以前に警察官だった頃の、こんな逸話もある。

警察勤務の頃には、防犯担当主任であると同時に、少年担当刑事も兼務をしていた。

その頃、ある非行少年を調査し、調書を取った。その後、少年の家庭環境について調査したところ、非行化した原因が家庭環境にあるという結論に達したので、少年院送致必至の状態ではあったが、警察署長の許可を得て、少年が在籍していた中学校の校長先生に面会した。

そして、

「この少年の将来について、学校と警察とで連携して注意深く指導すれば、改善の余地があるのではないでしょうか。少年院送致をすれば、一件落着とはなりますが、少年の未来に暗い影を落とすことになります。

私は教師ではありませんが、ご協力を惜しみませんので、何とか学校教育によって、少年を社会の一員とすべく、お育ていただけませんでしょうか」と、相談したのである。

そこで、「学、警連」という組織を発足。

警察官、学校の先生方で連携して、夜間に市内を見回りなどしていた。

その頃、充電可能の電池があるという話を聞き、市役所の経費にてその電池を購入し、夜間の警ら（＊地域警察官が犯罪の予防・検挙などを目的として所外で活動すること）に利用していた。


ところが、私の退職後に防犯課勤務になられた、警察官の先輩から電話で、

「おい、利さ（当時の私の呼び名）、俺が勤務している駐在所が全焼してしまった。お前が紹介した乾電池を充電していた時だったのだが、調査のために購入経過を聞きたい」と。

当時同僚であった他の巡査が駐在所勤務になり、警らに利用するために夜間充電をしていたところ、就寝中に火災が発生し、駐在所が全焼したのだとか。

これにより、夜間、就寝中の充電は禁止となったそうだ。

私も、波動による充電について研究の途上である。

波動充電は電気による充電と違って安全という確信をもち、さまざまにテストをしているところだ。

「念波」について

かつて、深野一幸先生のご講演会にお招きいただいて、電池の波動が与える影響について講演させていただいた。

それに先立ち、関英雄先生をお訪ねして、波動による電池の再生について実物を持参した。珪素を使った電池について、トータルヘルスデザインの、当時の社長であられた近藤洋一社長様と訪問させて頂いた時のことである。

持参した鉱石電池に水を注ぐと電池が点灯するはずであったのだが、何故か、水を注いでも点灯することがなかった。

関先生は、ニコニコ笑顔で、「ケイ素といえばね、ＵＦＯはこれで飛んでいるのですよ」とおっしゃってくださった。

その意味が、その当時は理解できなかったのだが、帰り際に、十冊ほどの先生の著書を頂いた。

その本を後日、拝読すると、関先生のお考えもわかるようになってきたように思われた。

それらの本のうちに、「念波」（加速学園出版部）というタイトルの本があったのだが、ＵＦＯについての関先生の考察が実に興味深い。

１９９０年に発刊された本書はすでに絶版となって入手しづらいこともあり、少し長目になるが、ここに引用させていただく。

＊＊＊（引用始め）

UFO情報

大宇宙には神様がいらっしゃるのだから、自分だけの力で宇宙のことが分かる等と思わないで、神様から教われるものなら、神様から宇宙のことをきくのが最も近道である。一方、UFOがあるとかないとか、あるいは見たことがあるとかないとかいわないで、現にUFOを操縦している宇宙人が教えてくれるのであれば、それを素直に受取るのが間違いない方法である。

（中略）

一般的にいって、UFOは母船と円盤の二種類に分けることができる。円盤は直径十メートル位の小さいもので、せいぜい一人か二人が乗って地表上を散策する程度に利用される。これに対して、母船の方は長さ二キロメートルから五キロメートルに及び、直径は五百メートル内外の葉巻き型が普通だが、球形のものもあり、年々進歩している。ただ、前記円盤を数百機格納できる他、搭乗できる人数も一万人ないし十万人に及ぶ。円盤は地表上を自由に飛び廻ることができるが、星間飛行のように長距離旅行はできないから、一旦母船に格納されてから遠くに飛んでゆくわけである。

ＵＦＯを推進するエネルギー源は、宇宙到る所にある微粒子エネルギーを利用するので、われわれの世界の飛行機のように燃料を積んでいるわけではない。筆者も詳細を知っているわけではないが、日本人でＵＦＯに乗った経験もあり、絶えず宇宙人と連絡しているＥＷさんから伺った話では、北極星の方向からやってくる微粒子エネルギーを円盤の頂部より機内に導入し、水晶の結晶を通すことによって増巾して利用しているのだという。

ＵＦＯが光速を超えることについて、正当物理学者は疑問視しているので、ＵＦＯを単なる気象現象にすぎないとか、見る人の幻覚だなどと批評するわけである。筆者も推測の域をでないが、前記ＯＭ著の書物には到る所に力の場（フォース・フィールド）という術語がでてくる。この力の場が超光速の鍵と思われる。われわれの世界の超音速ジェット機は、空気を押し退けて進むわけであるが、ＵＦＯの場合は、ほとんど真空の宇宙空間を四次元媒質を押し退けて進むので、光速を超えて進むわけである。電磁波は四次元媒質の中の横波であるが、ＵＦＯは四次元媒質を押し退けるような力の場を作るので、光速の何倍にも達するのである。

さて、ＯＭの宇宙友人アーガスや、ミガーや、ケンチン等の所属する宇宙連合では、三種の代表的超光速宇宙船が建造されていることを教えられた。第一の超光速宇宙船は「スターフィッシュ」と名付けられ、光速の千倍で飛行することができる。第二のものは「メガマックス」と名付けられ、光速の一万倍で飛行できる。さらに、第三のものは「スペクトル」と名付けられ、光速の数億倍で飛べるということである。この位の宇宙船では多次元の力の場を作って推進するということで、四次元の媒質だけでなく、五次元も、六次元も媒質を押し退けて進むことになる。また、普通の飛行機の操縦の常識とは全く違って、想念によって操縦するので、ケンチン一人の心理能力に頼らなければならないという。

かりに第三の宇宙船が光速の五億倍で飛べたと仮定しても、一億光年を飛ぶのに約二ヶ月七日かかる計算になる。

一方、現代の理論物理学で知られている物でタキオンという仮想の粒子がある。もちろん、まだ実験的に発見されてはいない。この粒子は、光速を超えると所要エネルギーが小さくなり、極端に、無限速になると所要エネルギーがゼロになる。また、現実の粒子は光速より遅いのであるが、光速に近づくにつれて所要エネルギーが増し、光速でそれが無限大になるのである。だから、光速の壁を超えることが問題なわけである。

そうすると、UFOはそれを超える技術をもっているのではないかと想像される。UFOが急に視界から消えるのは、光速を超えた瞬間ではないかと思われる。

また、普通の飛行機では、全速力で飛んでいるとき急角度で旋回することは不可能であるが、UFOではそれが可能である。しかも、普通の飛行機では、急発進や急停止によって乗客に大きなショックを与えるわけであるが、UFOに乗った経験者によると、それが全くないということである。これは、一見理屈にあわないような気もするが、運動の本質がわれわれの常識と全く違うことを考えると、納得できそうな気もする。それは、われわれの乗り物の場合、機体の動きと、人体の動きと別々であるため、慣性の法則で人体の力が作用するのに対し、UFOの場合には、力の場が乗り物にも人体にも同時に作用するので、相対運動がないということである。

（中略）

また、ＯＭに対する招待状に相当するものが、第六感を通してやってくる信号である。書物によると、この信号は、一九八八年七月三日（日）の朝早くやってきた。彼は、トロントの自宅より車をドライブしてナイヤガラの瀧までゆき、上空に停止中の母船内で、宇宙人ケンチンの大講演を数千人の聴衆とともにきき、正午頃には車で帰宅している。参集した数千人の聴衆がＯＭと同様の方法で招集されたとすれば、それらの人々はすべて第六感が正常に機能していなければならないことになる。テレパシーといい、テレポーテーションといい、現在の地球人にとっては一部の人々にしか能力のない超能力と思われているが、いずれ近い将来、それらが当り前の能力として日常利用されるのだから、今からその心構えが必要である。

さて、一九八八年七月三日午前中に宇宙母船「紅号」の上で行われた肝心の講演の内容についてであるが、ここでは要点だけをのべることにしよう。

「本日ここに集会された方々には、新らしい地球時代の到来に見えた先進となる人々であります。

とくに、ここにはタイムトラベル装置が装備され、紀元二〇二五年の地球環境を八二パーセントの確立で表現できたわけですが、それは活気と歓喜に満ちた世界であります。しかし、そこに到るまでに、辛い洗練の時期を通らなければなりません。それを過ぎ、新しい光に照らされるとき報いられるでしょう」

＊＊＊（引用終わり）

関先生にいろいろな貴重なお話を伺った後、ご挨拶をして近くの喫茶店に立ち寄ると、先ほど、関先生のご自宅では点灯しなかった持参の鉱石電池に、出された飲み水を注ぐと、見事に点灯したではないか。

深野一幸先生の講演会では、この話もしつつ、再生した電池を点灯した。すると、参加者の皆さんも、

「あ……」とびっくり、2百人ほどの聴衆の視線が、この再生電池に向けられた時に放たれた光線が、「電池が切れるのではないか」と思うほどのまばゆいばかりの光だったのだ。

この時感じたのは、関先生を訪問した時に電池が点灯しなかったのは、私の緊張や、関先生に認められたいという欲が邪魔していたのではないかということである。

しかし、講演会では、2百人もの人たちが期待してくださったので、その「念波」が影響したように思えた。

それぞれの人の「思い」……まさに、これぞ「念波」なのだろう。


こんな例もある。私の開発品を求めて来社された具合の悪い方で、「これは素晴らしいものですね。ありがとうございます」と言ってお持ち帰りになった方は、一週間で全快したとご報告くださった。

一方、「こんなものが効くのかな」と言われた方もおられ、私が、「あなたには効きませんからお止めなさい」とお断りしようとすると、「いや、もらってゆく」と持ち帰られ、試していただくも、効果はなかった。

関先生のご著書「念波」にも、

「憎しみや嫉みといった心は正しくない心であるから潜在神経は接がらないのである。その他、猜《そね》み、羨《うらや》み、呪い、怒り、不平、不満、疑い、迷い、心配ごころ、咎めの心、いらいらする心、せかせかする心等はすべて正しくない心の部類に入る。こういう心は宇宙創造の方針あるいは法則に反するものだから、潜在神経は断絶されていて、人間本来の姿でないので、二十一世紀においては通用しなくなる」とあるように、人間の、まさに思いによって、かくも異なる結果になるとは、本当に不思議であり、恐ろしいものでもあるのではないだろうか。

疑いの心でなく、素直な心がなにより大切と思われる。

ケイ素医学会

何年前であったであろうか、ケイ素医学会が発足したとうかがい、入会させて頂いた。

そこでのリポートによると、ケイ素である水晶に高熱を加えると、水溶性になり、医学的な薬品として効果が認められたとか。

知人からのご紹介にて入会し、医学方面にはこれまで無関係な私でありましたが、鉱物である珪素は、植物動物にも非常に有益であるとわかった。そうした観点から、発表の機会も頂くことができたのである。


その帰途、鹿児島県出身の、東学博士と電車でご一緒させていただけた。その電車の中で、「鹿児島桜島の火山灰のケイ素のパワー」についてお話をいただけたことを思い出した。降り注ぐ火山灰は、一般的には厄介者であるが、ケイ素としてのそのパワーは、植物に対しても、また電気的にも、非常に有用であると伺った。

そこでさっそく火山灰を取り寄せ、さまざまな実験を開始した。

ある、有害ではない産業廃棄物を使ってみると、興味深い結果が出た。それも、私のお得意様第一号、旭鉄工株式会社の製品副産物が、非常に有用であることが判明したのだ。

現在も譲っていただいているが、酸化鉄の有用性などがとてもよくわかった。

やはり、自然の物を使えるのは素晴らしいことである。ただ廃棄するのではなく、特殊な形ではあっても有効利用できるというのが本当に嬉しいことである。

また、後述もするが、「ＣＭＣ（カーボンマイクロコイル）」という炭素物質があり、これは植物の細い根の炭と同じく、すごいパワーを持っている。

農業におけるケイ素の働き

かつて、知花俊彦先生の講演録のご著者の河合勝先生をお招きして、ご講演をして頂いた。そのお話については、私の著書である小冊子、「おかげさまで生きるシリーズ」の、農業、園芸編でも発表させていただいたものもある。

この小冊子で引用した実藤遠先生、知花先生のお話はとても貴重で有用なものなので、ここでも、皆様とシェアさせていただきたいと思う。

あなたの家は発電所

最近、どこへ行っても、あちこちの家の屋根に太陽光パネルが設置してあるのを見かける。これは大いに結構である。

しかし私が提案したいのは、いざというとき、有り合わせのもので簡単にだれでもできる簡易発電である。

そう、太陽光も、もとは波長であり電磁波である。

橘高啓先生によると、太陽光と同じ波長の電磁波を使えば、いつでもどこでも電気が得られるとのことだ。

さらにその波長を使えば充電のいらないバッテリーができるだろうし、さらにバッテリーそのものが必要なくなるかもしれない。(7冊の拙著と、皆様の応援をいただいて充電ができた古い電池、さらに様々な小型発電機器などを、平成30年8月4日の保江邦夫博士、井口和基博士の講演会で展示)。

そう遠くない時代に、急速充電ができるようになって電気自動車が主流になり、最終的には重量のあるバッテリーを積む必要もなくなるだろう。

例えば、実藤遠先生著の『ニコラ・テスラの地震兵器と超能力エネルギー』には次のように書いてある。

＊＊＊（引用始め）

「（第1章　地震兵器は存在可能である）

6　科学の新展開は中性エネルギーの解明から

阿久津淳『マージナル・サイエンティスト』をみると、高卒ではあるが天才肌の研究家ガリモアは一九七〇年代の一連の著作で、〝亜エネルギー統一場理論〟を次のようにいっている。

①生命や宇宙の問題を説明するには、既存の物理学では無理である。

②ライヒ、ライヘンバッハやピラミッド、ラジオニクス、錬金術、占星術から、亜エネルギー（物質レベルを超えたエネルギー）の属性の共通分母を見つける必要がある。

③この奇妙なエネルギー現象は、定常波であり、電気的に中性のものである。

④この中性エネルギーは、すべての既知の放射を遮断しても、それはその遮蔽物を通過することを実験で確認した。約九〇〇グラムの水晶を、全く電気の流れていない蓄電池に直角に接触させるだけで、蓄電池にエネルギーを発生させ、貯えさせる実験にも成功している。

⑤このエネルギーは、気、プラーナ、オルゴン等、別名は一〇八もある。

⑥中性エネルギーは、固体に出会うと、その媒質に入るか通り抜けられる（物体の中を透過できる）。物質にエネルギー流が通ると弱い磁場が生じ、その磁場により物質表面に静電気が生じる。

⑦ある状態下で、これらのエネルギーを利用する通信が可能である。その通信に利用されるエネルギーは電磁的でなく、通常の電磁受信機に探知されない（それは重力波である）。

⑧適当なエネルギー制御で、オペレーターの望む人物を治療、あるいは危害を加えることができる。

⑨情報は人から反射した光（実は原子から放射される光速の重力波）に乗って運ばれる。
⑩装置と共鳴する人物の場所はつきとめられ、治療でも危害でも、装置で調整される波動圏ならば、共鳴する人物に直接送られる。
⑪自由（フリー）エネルギーを地球や大気から引き込み、モーターを回すことができる。
⑫超心理学的情報は、重力を通して地球のどこへでも送ることができる。
⑬その信号は循環する（四次元の）場に貯えられ、過去の情報にも接近することができる。
⑭同じ思考の人々は、距離に関係なく互いに影響しあう。
⑮すべての物質は、重力として知られている放射線を放出する（これが私がいう原子から放射される四次元の縦波の重力波に他ならない）。

ガリモアは三つの基本的エネルギーとして、①磁気、②静電気、③中性電荷エネルギーをあげている。これをZベクトルと呼び、その属性は抵抗、張力、偏極、ポテンシャル力、媒質（音なら空気がそれ）内の応力、媒質内の電流、静水圧として現れ作用するという。

ガリモアによれば、電磁方程式を作って電磁気学を確立したマックスウェル（一八三一〜一八七九）は、二種の電気エネルギーの存在を提案したという。一つは通常の電気を帯びた物体の電荷として現われるもの、もう一つは「全宇宙を満たし、電気作用が生ずる際に変位するもの」と考えた。現代物理学は後者を棄てたために、さらなる展開がみられなかったのであるという。このことについては、ヴァルダマール・ヴァレリアン『マトリックスⅢ』では次のようにいっている。

「マックスウェルのオリジナルの方程式は二つの部分からなり、測定可能な成分と相対成分の両方を表現していた。相対・エーテル成分は、高次空間的で、〝虚数的〟〝複素共役〟とも呼ばれる。この成分を使う信号は精神に作用し、脳と意識と相互作用をする。

マックスウェルのオリジナルな方程式は、重力推進と精神作用についての必要な知識を与えるものであった。しかしヘビサイド、ギブス、ヘルツが有名な四つの方程式にまとめる際に、方程式の中の四次元的なスカラー成分は無視された。これは（三次元的な）場ではなく、（四次元的な）ポテンシャル（圧力）を表現しており、このポテンシャルを認めると、物質が無から生まれることを認めることになってしまう。ポテンシャルとはエネルギーの貯蔵庫にほかならない。

さらにオリジナルな方程式では、相互依存的であった電磁気と重力は相互排他的なものとされ、電磁気学は最初の五次元（縦、横、高さ、時間とポテンシャル）から、ポテンシャルを除いた四次元に縮小され、重力（G）は排除されてしまった」。

私はこの時空五次元目の要素であるポテンシャルを復活し、四次元空間では電磁力と重力とは同じ数値であるというベアデンの〝スカラー電気重力学（スカラー波理論）〟に光を当てることによって、物質だけでなく、生命、精神までも包括する新理論を樹立したいと考えている。

7　石油・原子力なしでエネルギー入手は可能か？

皆さんはこれから述べる次のことが可能であると考えているだろうか？

①石油、ガス、原子燃料等を必要としないで、電気やエネルギーが入手できる。

②電話局や衛星を経由しないで、電話通信ができる。宇宙にいようが、水中、地中にいようが関係なく通信ができて、しかも盗聴される心配もない。

③クリスタル状のミニ電源を作ると、無限に使用でき、しかも電源に繋ぐことなく、テレ

ビ、冷蔵庫をはじめすべての電気製品を動かすことができる。

④プログラムに従って装置からの照射を受けた金属片の重量を減らすことができる。即ち反重力が可能となる。これにより新しい飛行物体、すなわちUFOの創造が可能となる。

⑤この装置からの放射によって、放射性物質の放射能からゴミに至るまで、空間にそのエネルギーが消失してしまう。この現象の応用として、物質の消失や転送現象も可能である。ロシアではこれを地震兵器に利用したといわれる。

⑥医療分野でもガンや難病の治療にも役立てることができる。

なおすべての宇宙に関する情報は、どんな物質でもその最少のミクロ粒子（10-33センチ、プランク長という）に閉じこめられている。それはお互いに連鎖しており、人間の思考もそれらと密接に係わりあっている、といっている。

これは旧ソ連で、宇宙空間に存在する無限のエネルギーを電気エネルギーや機械エネルギーに変換することのできる装置を使って行なうことのできる機能であるといわれている。

現在のロシアではその研究所が閉鎖され、研究者が職を失っているので、そのノウハウを日本にも売ろうとしているという。この技術を日本の商社や政府関係の外郭団体を通して一九九四年秋に実際に日本に売り込みにきている。なおオーストリア政府は、この技術により、電線の不要な発電装置を建設しようとしているという。この技術は旧ソ連のスカラー電磁兵器存在の傍証となるものである。

最近、今から半世紀以上も前にナチスドイツでＵＦＯが建造されていたといううわさがある。そのための科学理論は〝ブリル・パワー〟という現在の科学では未知のパワーだという。そのパワーとは次のようなものである。

①どのような物質をも透過（つき抜ける）してしまう。

②この流体は、生物、無生物を問わず、どんな物質の中にでも入り込める。強い光になって物を破壊できる一方、その力を弱めて使えば、生命に活力や生気を吹き込んで病気を癒やしたり、健康を保つことに使える。

③ブリルはどんな固いものでも貫いてしまうので、地底の岩石中に地下道を掘るのにも利用できる。使い方で地震も発生できる。

④ブリル・ロッドは、それは中空で、手にするところには、留め具や押しボタン、バネが幾つかついている。これを操作すると、力の質と大きさ、方向が自由に変えられる。破壊も

できれば、治療も行なえる。岩を砕くかと思えば、蒸気を発散させることもできる。肉体だけでなく、心にも影響が与えられる。

⑤ブリル・パワーの力はすべて等しいわけではなく、ロッドの持ち主のその力を使う目的による。ある者は破壊能力の方が強く、ある者は治療能力の方が高い。ある女性がブリル・ロッドを働かせると、彼女はずっと離れたところに立っていながら、大きくて重い物を自由自在に動かすことができる。それはまるで、物体が知性をもち、彼女の命令を理解し、彼女に従っているかのようである。

⑥ブリルの効果が十分に理解され、自由に制御されるようになると、ブリルの力をもつもの同士の間では戦争は起こらなくなった。子どもが手にしたロッド（中空棒）から発せられるパワーでも、頑強な要塞を簡単に木っ端微塵にしてしまう。この力を自由に使いこなしたならば、お互いの全滅以外にはあり得ないからである。これは一八七一年に出版されたブルワー・リットン『来たるべき民族』に書かれている。

この力を利用した超航空機（一種のＵＦＯ）は次のことができるという。これはチベットのラマ教寺院から発見された古いサンスクリット文字で書かれた文書をナチスが発見したといわれている。
①太陽光線の闇の部分を機体に引き寄せ、敵の視界から航空機を隠すことができる。
②ロイネー光線を投射することにより、航空機の前方にある物体を目に見えるようにすることができる。
③機の集音装置を使えば、飛行中の敵機内の会話と音を聞くことができる。また敵機内にこちらから音を送ることができる。
④敵機の内部を画像に映し出すことができる。
⑤敵機の搭乗員の意識を失わせることができる。
これらの現象は、現在の科学の枠内の概念だけでは、説明がつかないであろう。本書ではこれから、〝四次元の縦波の重力波〟〝スカラー波〟という概念を使って、順次これらの現象や気、超常現象に関係のあるサイエネルギーから生命、精神までを解いてみよう。

現在の科学の成果は一切否定しないですべて認めた上で、見直すべきものは再検討し、新たな視点からそれを拡張し、現在の科学では説明もつかない現象を探究したいと思う。今は説明不可能でも、未知の現象が存在する限りは、説明可能となるように、順次仮定・仮説を設けることによって、新しいパラダイムを志向したいと考えている。」
「(第2章　完全な科学はスカラー波の発見から始まる)

8　石油・原子力なしのエネルギー入手の理論

これまでのまとめとして、現在の科学では未知の現象が可能であるという原理を説明しよう。まずこのエネルギー発生装置についてのロシア側の見解からみよう。

①このシステムは、物理的真空の情報・エネルギー構造を制御し、共振の構造を作った。

②理論的にはボームとプリブラムのホログラフィー理論を基にしている。宇宙では相互に影響しあう構造をもった物質も意識（魂）もホログラムのようなものであり、宇宙には個々の魂（脳とひとりひとりの主体としての人間）の干渉波の場が存在する。

③通常の量子力学の法則が働く大きさは、10-23センチまでといわれているが、この場はプランクの寸法（プランク長）の10-33センチ、一立法センチ当り1094グラムの密度の超微小な場（渦巻）に宇宙についてのすべての情報が含まれている。

④宇宙の（超）星座は正六面体に沿って分布し、黄金比率（後述）に基づいて、これは星座から原子、素粒子に至るまで同じ（大きいものも小さいものも形が同じというフラクタル構造）構造である。この装置もその構造に従って構成されている。

⑤この装置は周囲を六（面体）×二（二個をペアにする）計十二のブロックにして囲い、中心にクリスタルを置き、四方からのレーザー照射によって真空を揺り動かし励起して、コヒーレント（位相、方向性の揃った）な縦波の重力波を出すものである。

⑥このようにして放射の位相の一致と共振の場を組織して電磁波の流れを形成させるという。レーザー光で励起すれば、光の周波数で電子が動き、往復電流が流れるので、光の二倍周波数の重力波が発生するであろう。

なおレーザーの動作している本体の一端から紫のビームが出ていき、一方の他の端からは緑のビームが出ていったという。これはフィラデルフィア実験の際にテレポートした軍艦を蔽ったもやの色とそっくりであり、また、UFOの色の変化とも酷似している。

⑦このように幾何学の形に従って作った装置を取り巻いている空間の擾乱（ゆらぎ、変化を与える）効果は、装置の置かれている場所の中の重力ポテンシャルの変化である。その放

射を遮蔽することは全く不可能である。

⑧このような超強力なエネルギーや情報の相互干渉により、情報、エネルギー、質量の変化が起こるのである。このような人工的に位相を揃えた格子状のシステムによる受信・送信の通信システムを作ることは可能である。それは地球のラジオ通信帯の限界の彼方に機能し、距離の制限なしに、暗号安定度と妨害防止がなされ、その通信路は追加された次元である異次元の空間（五次元時空）を通っていく。

⑨そのための通路は、電気物理的、および物理化学的特性に制御した、シリコンその他の物質の単結晶の中に、働きかけることによって可能なのである。

⑩これらのシステムは、外からの一切のエネルギーの供給も必要ではない。なぜならば、彼等は常に基準発電機に接続されているからである。

これらの現象は、スカラー波理論なしには説明不可能であり、その応用そのものである。事の真偽についていう人がいるかもしれないが、すべては実現可能である。そこで冒頭の現象の答は自ら出てくるであろう。

①石油、原子燃料等不要のエネルギーの入手は、人工的な幾何学のシステムを作り、真空

に一方向へのゆらぎを与え、真空からエネルギーを涌出させればよい。

②電話局や衛星を経ない電話通信は水中、地中にいようが可能というのは、重力波による通信であろう。電波は水中、地中では物質による吸収または反射のため通ずることができない。テレビ電波の場合は、各チャンネルの弱い電波では遠くへ到達することができないので、東京タワーのような所から高周波の搬送波（一定）を送り、それに各チャンネルの情報を変調波として送ることによって行なっている。この場合は電源からの重力波を搬送波とし、それに変調波としての個々の情報をのせて行なっているのであろう。

③クリスタル状のミニ電源を各電気製品や各家のコンセントに差し込めば、すべての電気製品を動かすことが可能であろう。

④反重力の作用は、そもそもスカラー波、縦波の重力波の作用そのものである。この場合、通常はランダム（不規則）なので打ち消しあって力にならないが、位相を揃えてコヒーレントなものにしたら可能である。なお気とか超能力のメカニズムも基本的にはそれである。

⑤放射能からゴミ処理まで可能だということは、真空からの涌出は「ポテンシャル大から小への傾斜（高低）」によって可能である。この傾斜の向きを反対にしたら、このことは可

能であろう。

⑥医療分野への応用は、実は物理レベルのスカラー波の延長線上に、生命レベルの気やサイエネルギー、さらには精神のレベルが繋がっているのである。電磁エネルギーと異なる共通の性質は、すべてのものを透過する。遮蔽がきかない。電気的に中性である。遠隔操作が可能である（共振により）。意識のコントロールが可能（というよりは必要）である等である。これについては後述しよう。

ブリルパワーも重力波と、重力波のホログラム作成ができれば、すべて可能な現象である。重力波はすべてのものを透過するので、敵機内の物体、音をホログラム処理をし、コンピューターにかければ、画像処理も可能であろう。すべては振動しており、周波数をもっているので、周波数がある限り、すべては可能なのである。

ベアデンは旧ソ連にはスカラー電磁兵器があり、二つのスカラー波の干渉により爆発現象が起こることを警告していた。これに関して西側の科学者は「誇大妄想である」という人が多かった。しかし旧ソ連のフルシチョフ、ブレジネフ、さらには最近話題になっているジリノフスキーまでもが、口を揃えて「ロシアは核兵器以上の破壊力をもち、西欧を一瞬に壊滅できるような秘密兵器を所持している」ことを、時間的に三十数年もいい続けている。

この秘密兵器の原理とこのエネルギー発生装置、およびスカラー波理論は、原理的に完全に同一のものである。このエネルギー発生装置は一九八一年ころより研究が始まったといっている。しかし兵器としてはフルシチョフ時代の一九六〇年五月のアメリカの高高度飛行のU二偵察機をソ連上空で撃墜した頃より、兵器の方は初歩的なものができていたとベアデンはいっている。

この技術は両刃の剣である。兵器として使用すれば、人類は破滅の危機を迎えることになる。反対に人類の福祉と平和のために使えば、人類は真空からのエネルギーの涌出とそれへの消滅（このようなリサイクルのない文明は破滅しかない）により、輝かしい人類史の新しい地平が始まるのである。

ベアデンはスカラー波検出器がアメリカでは実験的に作られ、改良されているという。

その構造は、一本の極めて強力な棒磁石を縦に、接地され電磁波が遮蔽されたファラデイ・ゲイジの中に取り付ける。そこで一端解放のコイルを縦に、磁石の縦軸の線がコイルの縦軸を通るように、磁石の上に取り付ける。コイルの解放端は磁石には接触しないようにする。

コイルの他の端を可変同調キャパシターに接続する。そうすればコイルとキャパシターは同調可能な直列ＬＣ共振回路を構成する。そして最終的にはオシロスコープで波形を見ることができる。

電磁波は完全にシャットアウトしているので、検出されるのは、それは縦波の重力波である。磁石の極の上は局部的に曲げられた空間なので、検出されるのは、縦波の回転しながら退いたり進んだりする、振動している直行成分である。」

『ニコラ・テスラの地震兵器と超能力エネルギー』実藤遠著　たま出版（引用Ｐ42〜49、Ｐ85〜91）

＊＊＊（引用終わり）

このように、すでに各国はその方向に動いているのだ。

もちろんそんな大きな装置でなくてもよく、自分の家で必要な電気は、自家用簡易発電機で間に合う。

例えば、電池式腕時計は、自動充電になることで電池交換の必要がなくなる。そんな時代がそこまで来ている（すでに実験済みで、二十年以上停止していた腕時計もこれで正確に動き出した）。
また、知花敏彦先生は次の引用のように、対談の中で「フリーエネルギー発電機も空中から水を取る装置もすでにできている。もう水道もいらない」とおっしゃっている。
『科学はこれを知らない　人類から終わりを消すハナシ』河合勝著　ヒカルランド（引用P219〜223）
河合勝先生も、講師としてお招きした。

＊＊＊（引用始め）

「（第3部　ピラミッドパワーとフリーエネルギーについて）
（韓国科学技術研究院フリーエネルギーメンバーと知花敏彦氏のミーティング記録）
（＊注　知は知花敏彦先生　研は韓国側）

知　新しいエネルギーが出ることは、ひとつの国の問題に留まるのではなく、地球全体の問題である。

みんなが話し合う場がないと、今フリーエネルギーを世に出せない。

日本には国の秘密研究組織があり、私もその一員。

空気中から水を取る技術があるが、今は世に出せない。

液体の源は空気中の水蒸気。

空気を冷やすと水になる。温度差で水は無尽蔵に空気から取り出せる。

皆さんがやりたかったら、やって見せればいい。

日本の国の秘密をバラすことになるが、技術は私の技術。

クーラーと同じ原理。空気を冷やすと水になる。

但し、空気中の湿度は16%以上必要。

氷を造る機械は温度を下げているだけ。

エアーポンプで空気を送って、水を造っている。

日本にこの装置があるなら、韓国にあって当たり前。

なぜ世の中に出せないのか……。ダムの水や、電気的に造る水よりも安いから、ダムが無駄になることが国としては怖い。

研　どうして空気中から水を造ったほうが有利か、その利点はどこにあるのか。

知　雨が降らなくても水を得ることができるし、水道配管は不要、家庭で水ができる。フリーエネルギーで空気から水を造ればコスト安となる。

世紀には、エネルギーと水はただになる。

ただにならないと人類の未来はない。

実用化しないと意味がない。

研　私達も使命を持ってがんばりたい。

先生の所では、どの段階まで進んでいるのか。

今後も我々を助けてくれるのか、今後のリレーションをどうしてゆけばいいのか……。

知　最初は模型でいい。

私の技術を日本国内で出すも、韓国で出すも私から見れば同じこと。

日本は頭が固い。日本にはどこからか逆輸入したほうがいい。

皆さんが実用化をしてPATを取るといい。

7~8年前技術庁の金長官(*)は、清里に来て私のフリーエネルギーの技術、水と空気から廻るモーターを見ている。

（*当時の韓国政府の技術庁長官）

研　そのフリーエネルギーの力は電気エネルギーが出るのか?

知　そうだ。フリーエネルギーを取り出している。

回転したら別のエネルギーに変換する。電気エネルギーに2年半連続運転した。

研　なぜ世間にそのエネルギー技術を出さなかったのか。

知　フリーメーソンからの圧力が当時あった。

殺すとのメッセージがあった。

研　知花先生のそのフリーエネルギー装置を、日本へ行けば見ることができるか?

知　見ることはできない。

日本の秘密研究グループに渡してある。

しかし、権利は私が持っている。
その技術は、いずれ皆さんに間違いなく渡せる。
お金はかからない。
私個人が持っていると危険なので、国に渡した。
皆さんは国の機関だから大丈夫だ。
私と一緒に研究した3人は行方不明になっている。
用心しないといけない。世間におおげさにはしないほうがいい。」

＊＊＊（引用終わり）

次に引用する知花先生のご著書も、参考にされたい。

『宇宙科学の大予言』知花敏彦著　廣済堂（引用P255～257、P259～260）

＊＊＊（引用始め）

「(終章　知花敏彦氏の使命)

空気中からのフリーエネルギーの実用化

人類はエネルギー源をこれまで石炭、石油、ガスそして原子力に依存してきました。固体エネルギーから液体エネルギーへ、そしてガスエネルギーへのエネルギー革命を起こしてきました。

そして原子力発電にも依存していますが、この核燃料の廃棄物はその捨て場がありませんから、人類は大きな危険を抱えてしまいました。宇宙空間には無限のエネルギーがあり、これはコストがかかりませんし、まったくの無公害です。

もう人類はそろそろ有害で高いコストのエネルギーから、安く無公害なフリーエネルギーへ転換する時代が近くなっています。

石油も石炭もガス（液化石油ガス）も原子力のウラン鉱石もすべて物質です。

フリーエネルギーは大気中から取り出す、目に見えないエネルギーです。

それは宇宙エネルギーそのものなのです。人間の科学は物理学、化学ですから、物質を対象としています。

宇宙エネルギーは不可視の空間から取り出さねばなりませんから、宇宙の法則を知らないと、これを取り出すことも、活用することもできません。物理学、化学の知識では空間からエネルギーを取り出すことは不可能です。

それに今の学界はインプットの量よりもアウトプットの量が大きくなる現象を認めていません。

投入よりは産出の方が大きいから、フリーエネルギーはコストが安いのです。

宇宙空間には無限のエネルギーが満ちています。その宇宙エネルギーはゼロ磁場の場から光エネルギーとして発生しています。

従来の磁気理論では説明できない現象を実現させ、フリーエネルギーの実用化段階にまできています。

そのコストも数十万円程度の非常にシンプルな装置で、家庭数世帯分に必要な発電が可能となります。

原料代はもちろんタダです。

磁石のN極とS極の真ん中はゼロ磁場となります。

その±0の点からエネルギーが発生します。これが創造の場なのです。

これを循環の法則といいます。

N極とS極のバランスが取れると、その中心の磁気は0となりますが、このゼロ磁場からエネルギーが発生するのです。

そのエネルギーは光エネルギーです。

そしてゼロ磁場のエネルギーと磁極の反発のエネルギーを利用して、フリーエネルギー発生装置ができるのです。現時点での技術では100kgの鉄を空気中に浮かすことができます。

（高木注：この単極磁石は進藤富春氏の特許で、現在息子さんが引き継がれている。拙著「大地への感謝状」〈明窓出版〉参照）


（中略）

空気から水を取り出す装置

私達は干魃（かんばつ）になると水を求めます。水が自由に使えれば、地球の耕地面積をもっと増やすことができます。

各国とも水不足は大きな問題となっています。

私達は水そのもの、物質である水しか念頭に持っていませんが、雨はどこからくるのでしょうか。大洪水は空気中の水蒸気が雨になったものです。水は空気中にもあり、むしろ空気中の水蒸気の方が量的に多いのです。水の原点は空気にあります。氷を水から造るように、空気から水を簡単に造ることができるのです。

空気を冷やすと水になるのです。クーラーから水が出るのと同じ原理です。

水をマイナス百九十度Cでも凍らない状態で冷やします。空気の温度が二十度Cあるとすると、温度差が二百十度Cありますから、水になります。

極地の樹木の内の水は凍りません。

この原理を応用して凍らない水を造ればよいのです。

それをマイナス百九十度Cに冷却しますが、温度差が二百十度Cありますから、この温度差を利用して発電チップを作動させますと電気エネルギーを取り出すことができます。

これによってどこでも水の生産が低コストで可能となります。

この装置は実用化段階にありますが、もしこの方式が日本で実用化されると、水道水は不要になります。」

＊＊＊（引用終わり）

これらの御著書にあるように、すでにフリーエネルギーシステムはできているらしい。けれども、いろいろな理由で世に出ていない。

また、汚水を飲み水にする方法が、丹羽靭負先生の『水―いのちと健康の科学』という御著書にあるが、これも「波動」の世界である。

自家用の小型発電機や充電器は簡単なものでよい（簡易取水機は、小型のものなら乾電池1本で動かせる）。

実藤先生のおっしゃるクリスタル状の（鉱石）波動ですべて解決でき、1箱400円のたばこ10箱分の費用があればおつりがくるほどの装置で十分である。

また、「鉱石の波動を利用すれば反重力も可能」とあることから、空飛ぶ自動車、空飛ぶ円盤も夢ではない。


ただし、心を清くしなければ不可能である。

これは私自身、身にしみて感じたことなのだ。

ある装置を試作して上手くいっていたのだが、「これは商売になる」と頭に浮かんだとたん、今まで点灯していた電球がぽっと消えてしまった。

また、消耗して廃棄された乾電池を鉱石塗料カタリーズで使用可能に復活させ、それを200人ほどの聴衆の前で点灯したことがある。

皆の視線が集中したとき、電球が切れるのではないかと思うくらい、まぶしいほどの白色光を放った。

そのことから、人の気持ちというか、意識は電気そのものではないかと思った次第である。

例えば、関英男博士やリンゴ農家の木村秋則先生が、「ＵＦＯはケイ素で飛んでいる」とおっしゃったことを思い出し、ＵＦＯは清い心の宇宙人にしか操縦できないのかなとも思った。

思い出したついでに書くが、関英男先生によると、ＵＦＯは月でも火星でも20分で行けるそうだ。

神坂新太郎先生は、東京からワシントンまで2分で到着したとおっしゃっていたが、宇宙人の操縦では可能でも、我々普通人では、よほど無心にならない限り不可能ではないだろうか。

そう、あなたの清い心こそが、発電所なのかもしれない。

私は、自然エネルギーの会員の皆様、知人、家族、それと多くの先人の実験結果が記された著書をたよりに、実験したにすぎない。

心からお礼を申し上げる次第である。

パート2　波動電気の時代

空中から電気を取り出す方法

有線で繋がっていないのに、携帯電話で地球の裏側のブラジルの人と自由にお話ができる時代である。

その声も明瞭で、明らかに本人と認識できるまでの技術革新であった。

これは、地球の内部も空中も、電気が満ち満ちているおかげではないか、と思うのは私だけだろうか。

空中からの電気も、地中から取り出される電気も、直流よりも交流電気のほうが高い値が計測される。

関英男先生は、「UFOはケイ素で飛んでいるよ」とおっしゃったが、その後、UFOに乗ったという木村秋則先生にも、飛ぶ動力になっているのは「ケイ」と宇宙人に教わった、というお話を伺った。

また、放射線の研究家で著名な橘髙啓先生をお招きしてご講演を頂いた時にも、

「光はケイ素を通過すると電気になり、電球のケイ素を通過すると光に戻る」とお聞きした。

それこそ正に、空中から電気を取り出す方法として間違いないのではないだろうか。

また、メビウスコイルなどのコイルによって取り出すことができることは、多くの先生の実験で結果が出されており、すでに証明されている。

前述のように、私が鉱石の波動により電池の充電ができると発表すると、大学教授の大先生に、

「業者ごときが神聖な学会を汚すつもりか」とご叱責されたが、大学教授や偉い研究者でなければ、簡単で誰にでもできる充電について、考えてはいけないのだろうか。

業者ごときがとご叱責される前に、人様に役立つような開発をお願いいたしたいと思う。

空中から簡単に電気を取り出す方法が近い未来に確立されることを祈っている。

波動電気の時代

「自然エネルギーを考える会」を設立して、百五十人ほどの会員や知人に、私の開発品のテストをお願いしていた時の事である。

高校時代の恩師に、「文科系へ行って人間を作り変えてきなさい」と、勧められて出されたのは、中央大学法学部の願書であった。

それから、好きでもない法律の勉強をしつつも、やはり大切なのは体力であると、新設のボート部に入部、四年間の体力作りをした。

他の活動はといえば、先輩がおられた企業を訪問して、世の中の仕事の現場における実情などを学ばせていただくこともできた。

こうしたことが、卒業後の実社会の荒波を生き抜くために、大いに参考になったと思う。

就職内定が取り消されたことで、警察官という職業に舵を切ることになったが、そこでは裏の世界も勉強させていただけた。そのご採用は、ありがたくもあり、勉強したことは更に、退職後に進んだ実業世界にも大いに役に立った。

そして、実業世界でも様々な困難や苦労もあったが、実業の経験者の父の素晴らしいご指導により、つつがなく切り抜くことができた。

さて、ある時、京都大学の林教授が、厚生省の依頼にて癌の薬を開発するも、「こんなものができたら医者も病院もつぶれる」と、拒否されたと聞いた。

私もがんを発病したのだが、がんセンターへの紹介も断り、林教授が使用されたという鉱石を用いるなどして、治療をしていた。

私の工場では、公害課の課長さんからの大規模な機械の改善命令があって、大借金をしていたのだが、そのために、がんと言われようとも、一日も休まず働いていた。

それでも、一ヵ月にて完全治療となった。これも、林教授のお話がたいへんに参考になったおかげさまである。

また、農協から田んぼをお借りして、鉱石の波動などを用いて米を栽培していたが、無農薬、無肥料にて二十%を増収することができた。

また或る時、私が警察官退職後に会社を起こしたと聞いた大学時代の知人が、関西でも大企業の副社長様をご紹介くださった。ご来訪時には、

「話に聞きましたが、初めてとしてはなかなかやるねぇ」と言っていただけた。

「あなたなら、頼りになりそうだ。今度、〇〇省の事務次官に面会に行く際には、ご一緒しませんか」とまで。

国の基本方針、対応、今後の見通しについてお聞きできるのはまたとない機会と思い、

「ありがとうございます。ぜひお願いします」と快諾した。

新幹線の名古屋駅で合流して、東京の本省へと向かう。

「あ、久しぶり、今日はカバン持ちを連れてきたからいろいろ教えてやってくれや」と。

「どんなことですか」と言うと、親指と人差し指で丸を作って見せる。

本省では、カバン持ちと呼ばれた部長様とともに、別室にて対応いただき、生の基本方針、当時の状況を聞き、更に、今後の開発などについてお話しいただけた。

「現在は不景気ですし、全て予算も立てられており、新規の開発事業にはなかなか十分な対応はできませんですが」と言われるも、

「私の聞き及ぶ所では○○ということですが」と、少し知識のあるところを話してみると、

「そこまでご存じでしたら、これ以上の開発はご注意を」と釘を刺された。

そこでのお話で、私の開発品が、工業試験所でもテストなどをしてもらえないということがわかったので、知人に頼って「自然エネルギーを考える会」を設立し、開発に着手する流れとなった。

そして、本業であるメッキ業にはヨーロッパ、アメリカを回り外国特許を取り入れたりして、最先端技術の方法で進めていた。良い結果が出ていたが、お得意様に試作品をお持ちするも、なかなか受注には至らない。

そこで、新聞広告で新技術宣伝をしたところ、大企業からお声がかかり、ご注文をいただけた。

ところが新聞広告も、当時の経済に及ぼす影響があったためか、非常に難しいことが判明

した。いわゆる大手の全国紙での広告は、受け付けてもらえなかったのである。

特許導入時にお会いした、ウェールズ大学のロバート副学長様のお言葉が今も記憶に残っている。

「あなたは私ほど有名でないので、今はいいかもしれませんが、言動には気を付けてください」と。ロバート副学長様は、こうした開発をしている人の身に危険が及ぶこともあることを、よくご存知だったようだ。

とにかく、新技術で大企業からの受注が頂けたことで、ありがたいことに大借金も全額を返済。

こうした様々なご支援にて苦境も乗り超えることができ、現在があると言える。

現在の社会に通用している常識を変更することは非常に難しいことではあるが、変化というのは常にあるものだ。大昔には、薬といえば自然由来のものや漢方薬しかなかったようなものだが、化学薬品に徐々に置き換えられてきている。

外や室内を明るくするのに便利だった提灯や行灯が、今では電灯になっている。こうして、便利さを追求していくのは、当たり前の成り行きではないだろうか、電気についても、空中に存在する大気電流を利用できる時代が、すぐそこまで近づいてきていると思われる。

私が研究している波動電気にも、明るい未来が確実に来ると信じてやまない。

波動コースター

2022年、私は新型コロナウイルス感染症となり、3日間意識不明の重体となっていた。家族は、

「この状態では、退院の見込みは……」とまで言われたそうである。

入院した病院のベッドの上で気が付いてみると、「ぼこぼこ」という音が間近に聞こえて

いた。

どうやら、酸素吸入用の装置で、酸素を補給していただいているようであった。

「あ、気が付かれましたか。胸は苦しくないですか」と、看護師さんが家から届いていた着替えとともに、私の作った波動テープとコースターを出してくださった。

波動テープは、東北や九州の災害地にも、携帯電話などの充電用にご寄付もしたものである。

コースターは、上に載せたコップの中の水を波動水にするために、私が自宅で実験用として、使用していた。

「すっかり眠っていたようですね」と申し上げると、

「熱は高いし、大変でしたよ」というお答えが。

酸素吸入用の器具を外していただいて寝間着を着替えると、お茶を一杯頂けたので、湯呑みをコースターに載せた後、ゆっくり飲んだ。

自身が作ったコースターなのでひいき目にみているかもしれないが、このときに感じたのは、やはり波動コースターは、病人に良いようで酸素吸入は中止となった。

胸にテープを当てると、３日間で体調がよくなり、リハビリを３日間行って、１週間ほどで退院させて頂くことができた。

そしてこれは、丹羽靭負先生の『水』というご本に書いてあったものを、私が試作いたしたものであった。

昨年（２０２３年）、廃業した株式会社コーケンにて、特許申請をしていた波動コースターである。

株式会社コーケンは、高木特殊工業株式会社が所有権があるので、退いた私には関わりがなくなってしまった。

現在の物置の会社のために、新会社の「合同会社波動科学研究所」を設立し、次女の夫婦に波動製品製造をお任せすることにした。

乾電池の再生は危険物としてみなされることもある、という経験があったので、今後は電池そのものを加工するのでなく、再生用の電池を入れる容器について研究している。この容器に入れておけば、携帯電話の電池が充電されるという優れものである。

これが、誰が使っても効果が認められるとなれば、半永久電池と言えるものになるはずと考えている。

もちろん、バッテリーについてもしかり、半永久バッテリーになるはずである。

退院して帰宅したその日に、「あなたに起こることは、すべて宇宙の計らい」（立花大敬トータルヘルスデザイン）という謹呈本が届いていた。

まさしく私は、宇宙のお計らいによって生かされているということをお知らせいただいたのだ。

電池の充電について

いまだ研究中の電池の充電であるが、その限界についてはまだ定かでない。

おそらく、限界はあるはずと考えてはいる。

例えば、「車を買い替えるまでバッテリーの交換はしていなかったが、ディーラーに見てもらったところ、やはり交換は必要だと言われた」とか。

柱時計がだんだんと遅れだしたので、充電テープをくっつけておいたらまた正常に時を刻みだしたが、しばらくしたらやはり遅れるようになった、とか。

新品の乾電池などがどのくらいの時間、日数使えるのかもまだテスト中で、はっきりとした結論は出ていない。

ただ、バッテリーが車を買い替えるまで二十年使用できたが、交換が必要と言われたことを考えると、やはりそれが限界かとも考えられる。

また、腕時計については、メッキのパワーリング、カタリーズ塗料などの自身の開発品でテストしていた。

ただ、腕に巻くのを中止してしまったので、やはり期間については不明であるが、腕につけていた時にはずっと動いていた。

最近は携帯電話を持つようになり、腕時計の必要がなくなった。そういう方も多いと思う。

携帯電話については、大型の鍋や薬缶が置ける鍋敷きにカタリーズを塗ったものを夜間に使用してみると、充電可能であったが、いつまで保つかについては、実験中である。

充電器具

携帯電話は、今では懐中電灯の役割も担ってくれるようである。夜間、暗闇を歩く時にも、足元を照らすことができるのでとても便利だ。

ただ、長時間使用すると、だんだん暗くなってゆくようであった。

翌朝、充電すると、再びまばゆさを取り戻している。

乾電池やバッテリーの実験は、うまずたゆまず続けているが、長期間にわたって交換の必要がないなどのご報告はたくさんいただいている。

会員からも、知人からも、外国の方からもお知らせいただけるのは、本当に嬉しいことである。

「そういえば、毎日乗っている自分の車についても、バッテリーもオイル交換も長期間、必要がなかった。

3年ごとの車の車検は出しているが、10年たってもオイルや冷却水の追加以外は、特にメンテナンスはしてもらっていない」と、自分でもあらためて確認している。

「こんなものができては、電気屋さんが困るではないか」と、市役所からお叱りを受け中止したことがあったが、災害時などに、電源なしで携帯電話が充電できて困らないとなれば、お許しをいただけるのではないだろうか。

今一つ、私の囲碁の先生である萩野君の兄上が、災害時における携帯用トイレの試作品を製作されたと教えていただいたことがある。

「それと充電器具をセットにしておけば、非常持ち出しセットとして皆様により便利にご使用いただけたのではなかろうか」と、交流不足を嘆きました次第。

さて、法学部出身にて理科系の基礎ゼロの私が、こうして研究、開発などさせていただけているのも、皆様もご協力、ご指導のおかげである。

世の中とは不思議なもので、逆境が好転して福となることもある。工場を追われ、自宅の物置での研究が皆様の役に立つこともある。

今となっては、感謝をお伝えできる方々も少なくなってしまったことが悔やまれるまるが、あらためて記しておくことにする。

「皆様、本当にありがとうございました」

パート3　波動医療

カーボンマイクロコイル

岐阜大学名誉教授でいらっしゃる、元島栖二博士が開発された「ＣＭＣ（カーボンマイクロコイル）」（＊炭素でできたスプリングのようなコイル状の炭素物質。コイル直径が数ミクロンのため、マイクロコイルと称される）について学ぶため、岐阜市にある元島先生をお訪ねしたことがある。

その場所は、私が警察官として勤務していた岐阜県各務原《かかみがはら》市蘇原《そはら》町の一角にあった。

私が勤務していた当時は小高い山であったが、岐阜県商工部のお招きで中小企業の経営について講演依頼があって到着してみると、かなり様変わりしていた。

山の内部をくりぬいて、研究室が何段にも連なっていたが、講演会場に行く前に通りがかった研究室に、ＣＭＣの文字を掲げた部屋があった。

講演終了後、ちょっと立ち寄ったのだが、私がいろいろな質問を投げかけて遅くなったので後日、再訪問させていただくこととした。

次に訪問したのは、岐阜市の先生の研究室で、そこでもさまざまに勉強させていただけた。

時は流れて、今年2024年5月、ジャーナリストの船瀬俊介先生を講師にお迎えした講演会に、ご招待していただけた。

CMC総合研究所創立15周年記念講演会というものだった。

しかし、92歳を越える私には、昔と違って名古屋市まで出かける体力もなかったため、元島先生のご著書「CMC(カーボンマイクロコイル)のすべて」(ヒカルランド)と、船瀬先生のご著書「奇跡を起こす『波動医学』〝量子力学〟が切り開く未来医療革命」(共栄書房)の二冊をいっしょにお送りいただいた。

この二冊の素晴らしさには、感嘆した。Amazonの紹介文を引用するので、それだけでもご一読いただきたい。

＊＊＊（引用始め）

◎「ＣＭＣ（カーボンマイクロコイル）のすべて」

ＤＮＡと同じ「３Ｄ‐ヘリカル／らせん構造」の驚異の炭素繊維

【ＣＭＣ（カーボンマイクロコイル）】が未来を拓く！

生命にやさしく共鳴し高度機能を発現する世界オンリーワン技術！

電磁波・５Ｇ、地磁気、水の活性化、デトックス、生命力のアクティブ化まで

無限の可能性を秘めた次世代素材を徹底解説！

「カーボンマイクロコイル（ＣＭＣ）は人間の鼓動（脈拍）と同じ、約60回転／分の速度で回転しながら、まるで生き物のように成長します。そこには、人間・生命体と共鳴する命が宿り、意識すらもっているようにさえ感じられます。

宇宙のすべて＝森羅万象の基礎原理である「らせん」構造をもつCMCは、まさに大宇宙に学ぶ〝コスモ・ミメティック〟(cosmo-mimetic)なものづくりの結晶であり、人間・生命体にやさしく共鳴する高度の新規機能の発現と無限の応用の可能性を秘めています――」(著者より)

◎「奇跡を起こす『波動医学』〝量子力学〟が切り開く未来医療革命」

ついに「神の周波数」をとらえた！
現代科学・医学を根底からくつがえす量子力学、その驚異的成果

●〝ヒモ理論〟ノーベル賞受賞で、すべてがひっくり返る
●複雑骨折の猫が走り回る「波動」の奇跡

●劣等生が超秀才に、90代のシミが完全消滅……

●テレポーテーションと遠隔治療は実現している

●「ソマチッド」「水の記憶」「幽体」「霊魂」……生命の神秘を波動で解き明かす

科学、宗教、歴史……すべてを粉砕した量子力学による「波動革命」、その現在地を見よ！

●目次●

第7章　宇宙でいちばん安上がりの健康法〝葉っぱ療法〟
第8章　植物も水も、〝意識〟〝感情〟を持つ
第9章「波動医学」は身近にあり！　感謝、断食、長息、笑い
エピローグ　人類文明は新たな「宇宙文明」のステージに

＊＊＊（引用終わり）

2冊とも私にとって、本当に素晴らしい技術書であり、何度読み返してもまた、新しい学びが見えてくる。

両書を読むと、病気の治療について今後どのように推移するのかが想像でき、また、私がこれまでに皆様から伝え聞くことがあった波動医学が身近なものに思えてきた。

更に、「動物、植物などの自然の生き物こそが、科学の真髄、神髄となっている。まさに、神様のおつくりになったものである。人間が考えて作る物が悪いとは言わないが、自然物に

勝るものは存在しない」という私自身の思いを強くさせてくれた。
植物のある部分を炭化すれば、まさしくカーボンマイクロコイルとなる。
植物のカーボンマイクロコイルは、今でも地中に残り、自然を豊かにしていてくれるのではなかろうか、
こんなことを、先日、化成農薬ゼロ、化成肥料ゼロのさつま芋作りで有名な、照沼勝浩先生とお話したところである。

「奇跡を起こす『波動医学』〝量子力学〟が切り開く未来医療革命」

船瀬俊介先生のご著書を読んで分かったことがある。

かつて、私が廃棄物学会において、「廃棄された電池が再生利用される事実について」発表させて頂いたところ、大学教授の座長様から、

「業者ごときが神聖な学会を汚すつもりか」と叱責された。

その時同席されたある大学教授から、

「ひどいことを言われましたね。では、国際学会で発表されませんか」とお声がけいただいた。

そのお言葉に甘えて、私の論文をご縁のあったスピッツァー博士に翻訳いただけるようお願いし、国際学会にて発表させて頂くことができた。


その論文に書いたように、電池の充電ができることは判明していた。

東北や九州の災害地で、携帯電話の充電用にご寄付いたしたところ、これがたまたまお医者様の手にわたり、「こんなものができたら病院もつぶれる」とストップされたのは前述のとおりである。

これらのことは、前著などで論文とともに記載、発表させていただいている。

更に、この波動を使用すると、車バッテリーも20年後に車を買い替えるまで交換不要であったとのご報告があったということもすでに述べた。

また、二〇一四年十月十八日、岩崎士郎先生をお呼びして「車、健康、環境改善」の体験会を開催し、皆様に体験していただくことができた。

先日、岩崎先生のご講演を聴講頂いたお客様から、

「波動テープを家の四隅に貼っておいたら、地震の際も、倒壊が少なくて済むようですね」

と言われた。これこそ、地震大国の我が国で、試してみる必要があるのではないだろうか。

また、

「自宅の前を大型車が通ると以前は大きな振動があったのに、それが小さくなった気がする」

「枯れかけた植物の植木鉢のそばに置くと、すぐに元気になり、花が咲きはじめました」

とも。

「やはり、波動の持つ力強さ、勢いは、無視できないのではないか」と、いま一度、感謝ともに心を強くさせていただいた。

このように、波動はいろいろなものに効果があるように思われる。

また、船瀬先生には、以前に私が催した講演会でもご講演いただき、波動について伺うこともできた。船瀬先生は、ジャーナリストとして最先端技術を紹介されているということで、船井幸雄先生にご紹介いただけたのだ。

医療など最先端に興味がおありの方は、船瀬先生の著書をぜひお読みいただきたい。

そうすれば、病気を恐れることなく、常に前向きに生きることができるはずだ。


また、日本テラヘルツ健康財団を設立された新納清憲先生の話にもあった「テラヘルツ波」、アメリカ在住であった小林教授の近赤外線療法、アフリカ大陸のタンザニアでもさつま芋の生産を普及された、前述の照沼勝浩社長の近赤外線保存庫（保存にも、生産にも素晴らしい効果があるという）などなど、素人の私でもその効果に感心させられる手法の数々。

ＣＭＣ開発の元島先生に関しては、発電も病気治療についても、これに勝るものなしと考える。

益々のご活躍をお祈りする次第である。

パート4　次世代の君たちへ

人生って何だろう

92歳を超えて、振り返ってみると、人生とは不思議なものと思われてならない。

まずは、誕生の時。母の胎内からこの世に出た時から、一人の人間として、歩き始めるわけである。

後に兄妹も生まれたが、全くの別人格になっていることも不思議だ。

一歩家を出ると、敵であるか味方であるか分からないような人々が行き交っている。


ある年に、何十年ぶりかで、ある人から正月の年賀状が届いた。

それは、かつて学生時代にお世話になった、親戚の叔父さんからの年賀状である。

高校を卒業して始めて見る東京にて、叔父さんにご挨拶をしに伺うと、勤務されていた研究所が、素晴らしいものに見えたものだ。その後もなにかとお世話になっていた。


それから何十年、現在までご無礼いたしたお詫びの文章と、

「九十を過ぎ、もう商売をするでもありませんので、こんなものを作り、災害地にご寄付の毎日です。私の作る物をご覧になってください」と、試作品を送った。

すると翌日、

「こんなものを送ってなんですか。送り返します」と、奥様からのお叱りの電話を受けることになった。私が不在の時のことで、電話をとった女房はびっくりしていた。

親戚と言えども、何十年ぶりのお付き合いは、本当に難しいものだと痛感した次第である。こちらが良かれと思ってなしたことも、相手方にはまったく伝わらないどころか、逆に不快を与えてしまうという不思議。

大学4年生の就職活動の時期は、終戦後不況の真っただ中であった。

「大学は出たけれど」当時の状況は様々に困難で、就職内定が取り消しとなってしまった。

ただ、ありがたい事に警察官として採用いただくことができた。

しかし、困ったのは安月給。その最中《さなか》に、母から、「次の弟が控えていることだし、早く結婚しなさい」と言われた。

「今どきこんな良い娘はないぞ」と、勧められたのが現在の女房である。

実家は元庄屋で、苗字帯刀を許された庄屋さんであったとか。

しかし、八人兄弟の六女で、兄と二人でしていた二丁歩の田んぼの田植えは、とても大変であったとか。だが、その田植えのスピードは、誰にも負けなかったというから頼もしい。

安月給の警察官の女房になったやりくり生活は、まさに気の毒であった。

ちなみに、7歳下の三男の弟は豊田系の会社に就職できたが、給料は私の3倍、ボーナスは7倍ほどもらっていたようであった。

とはいえ、勤務地は進駐軍の駐留地の警察署で、私にとっては、いろいろな面で最高の人生勉強をさせていただいた。


そして、恩給資格を得る時まで勤務を続けた。

恩給資格期限の翌日、退職願を提出したが、上司の警察署長様からは、「なぜ退職か。再考するように」というお言葉をいただいた。

女房からも、「やっと何とか、食費に困らないようになったというのに」と責められたことであった。

だが、人生というのは、家族はもとより大切であるが、この世に生まれた以上、世のため人のために、かつては国のために、命も惜しまずと学校で教育されたものであった。

もちろん、警察官時代も地域のため、国のためと教えられたものである。警察官の歌、「国の治安を担いで立てえる」のとおりである。


さて、恩給資格を得た私は、高校時代にパン製造業を営んでいた実績がある、実家の一隅をお借りして、メッキ業を始めた。父が「これからはメッキ業がいいようだ」とお勧めくださったからである。『プラスチックのメッキ』という本を父からいただき、私もメッキの明るい未来を想像することができた。

妹のご主人の藤本様に、プラスチックのメッキ材料の商店をご紹介頂くこともできた。

まずは実験から。自動車のバッテリーから電気を引き、コップやコーヒーポットに薬品を入れて、プラスチックの不良品にメッキをすることで試作試験を開始した。

さまざまな試行錯誤の後、「よし、これならいける」と父にお願いして、鶏小屋に小さなメッキ槽を入れて営業開始。

同じ部落の小学校の同級生の萩野君の会社へ立ち寄ると、丁度彼の会社のお客さんがいらして、

「あなたはこれから開業ですか。おめでとうございます。はじめは小さな会社でも、お尋ねになる会社のお役に立つことをお考えならば、堂々と、大きな会社でもいとわずに訪問し、ご自身ができることを説明しなさい。ちょうど、私がこれから訪問する会社を紹介します」

と言ってくださった。

訪ねた会社は、「旭鉄工株式会社」であった。

収入も皆無からの出発であったが、社長を引き受けてくださった父に銀行からの25万円の借金をお願いし、外国特許を導入することなどができた。

ただ、苦労は絶えず、小学校の生徒だった二人の娘の給食費も払えないほど困窮していたこともあった。

そんな生活についても、今は家族は「そんなこともあったね」と偲んでくれているのがありがたい。

そんな時代があってこそ、今があるというのもなんだか不思議を感じる。

本人家族以外、誰も理解できないことではあるけれども、人生についても、考えさせられることではないだろうか。

遺言とは

「叔父さん、言いたいことがあるなら遺書にしておくといいよ、遺書はね、公証人役場で受け付けてもらえるよ」

次期社長となった、妹藤本家の長女からの言葉である。

本家の叔父が亡くなった際には、相続の問題があった。叔父の子どもである兄弟3人が、遺言により多くを相続した末の弟に対して、

「ぼけたおやじの遺書など信用できるか」と裁判を起こしたのである。

結果、自宅、農地を売却して山分けすることになった。

本家の跡地にも、たくさんの売り家が建ち、こうして我が家の本家は消滅の憂き目となった。

明治以前から続いてきた本家も、こうしてあっけなく消滅。

我が国もいろいろな面で、日本らしさが失われてゆく事実を見るにつけ、国家としての行く末が心配になってしまう。

同時に、我が家の行く末を考えると、本家のことが思い出されてならない。

このまま行くと、今持っている、稲荷山〇番地という住所の持ち家などは、高木家の物で

なくなるのではないだろうか、などと。

私の父は、自動車事故にて突然他界した。そこで、母が父の遺言にそって分筆依頼し、母の依頼以外の分筆については、弟の大が追加され、相続することになった。

それを知らされた私は、その分筆の中にあった私の家の入口を、通行に使用することに対して、３００万円を手数料として持参した。

それ以後、毎年20万円を通行料としてお届けしている。

また、高木特殊工業の後継者として、私の次の社長が、私の甥に次期社長就任をお願いしたところである。

そして、たいへんお世話になった藤本様の葬儀のあと、ご恩への深い感謝を述べようとした時のことであった。

特に私がメッキ業を創業した頃、美濃商店というメッキ関連の会社を紹介していただいたり、プラスチックメッキの指導に関わってくださったり、将来についてお話いただいたことに対してお礼を述べたかったのだ。

それが、東京へ嫁いだ妹の長女が、

「しゃべるな、仲良くしてね」と思いもかけぬ言葉でさえぎられた。


伊勢湾台風の時、両親の家が全壊だというのに帰ることもできない警察官という職業に見切りをつけた。恩給を受け取れる資格をもらえた年でもある。

妻の、「やっと食べられるようになったのに」という大反対を説得して、両親の許可を受け退職して帰ると、弟の大夫婦に、

「出て行け、今すぐ出て行け」と猛反発された。

しかし、退職金も父に差し出していたので、持ち金はゼロであった。

そこからは、両親、藤本様のおかげで、営業を続けさせていただいている。


私の妻、富子は、母が「今時こんないい娘はないぞ」と勧めてくれた女性である。

結婚式の前、

「娘については、口下手で気に入らないこともあると思いますが、どうか返さないでください。返されたら本当に居場所がありませんから」と御両親からのお願いがあった。妻の姉が離婚経験者だったので、なおさら心配があったのだろう。

「今日まで娘さんを立派にお育ていただきまして、本当にありがとうございます。愛情は大切に引き継ぎます」と私は答えた。

今でも、誰がなんと言おうが、かけがえのない、大切な妻である。

遺言に話を戻すが、本家のように、簡単に無視され、何の意味もなくなることもある。
私の財産としては、両親に残していただいたものや、地境を崩されてやむなく購入した土地がある。
それと、工場を建設する時に増やした土地などもあり、できるだけすべてを大切に維持していただければ幸いである、
特に、土地については騙し取られないように。交渉は不動産会社に仲介を頼んでほしい。

私も90歳代となり、感謝の心はあるけれども何の未練もない。

私の次の社長であった娘婿さんが、次を甥にお願いしたいという提案に賛成して甥に入社してもらった。

まず最初にされたのは、事務所の改装ということで、私の机や備品は撤去。

母の縫製工場だった、現在の物置に移されて、私の研究室兼作業場となった。

甥は、

「俺はメッキはやらんからな」と言ったので、

「ではどうするのか」と聞くと、

「全部ならもらってやる」とのこと。

「それなら別の仕事をするのか」と聞くと、

「資本金は誰が出すんだ」と言う。

「現在では、資本金は1円から会社を起こせるよ」と言うと、ひどく怒られた。

妹の娘には、「しゃべるな、仲良くしてね」「言いたいことは遺言に残せ」と言われたが、ご恩のある方への感謝の言葉まで、遺言にて残さねばならないものなのか。

いくつかの遺言の事例を知るにつけ、遺言に重きがあるとも思えなくなってきている。

我が家でも、遺言などは何の意味もなくなるのではないかと……。

私は電気自動車になる時代に先駆け、30年ほど前に、車のドアを、充電の必要のないバッテリーに改造できないかという実験をしていた。

けれども、「こうしたエネルギー関連のものを世に出すのは危険。世界中で何人も行方不明になっている」と聞いて中止したのだ。

しかし、尊敬する物理学者の保江邦夫博士が、

「令和になったから、こうしたものを発表するのもぼつぼついいかもしれない」とおっしゃってくださったので、電極を発生させることで急速に充電を促すようなメッキの技術を、実用実験中である。

ただ、藤本様にお世話になり何とか成功させていただいたメッキ工場や、引き続き働いてくれている従業員の行く末を考えると、あまり明るい見通しはできない。

これでは遺言どころではないように思われる。我が家のため、お得意様のために遺言として残したいものもあるが、その技術は公証人役場に届けができるようなものではない。

土地、工場なども、私がどうすることもできるものではないと認識している。

本家の叔父が遺言に残したことも、まったくそのとおりにならなかった。

遺言の意味とはいったいなんだろうと、答えのない問いかけをしている次第である。

今日は九十二歳の誕生日

「今日は九十二歳の誕生日。

過去を思い、将来のために何かを残す必要があるのではないでしょうか」

昨晩、床に入り、思い浮かんだことである。

つらつら思い出すに、かつて鬼頭工業の創業社長であり、甥御さんに社長を譲って会長になられた一夫様から、

「高木君、ちょっと来てくれないか」と、お呼びいただいたことを思い出した。

事情はよく知らないが、その頃、会長さんは、トヨタ自動車工業会の会長でもあられた。

そして、

「君の会社の、高速メッキ装置はもう発注できない。悲しいがどうしようもない。君はまだ若いからいいが、いろいろと気を付けたほうがいいぞ」と言われたのだ。

私の従兄の細野康夫君がその会社の門衛であり、会長さんとは、守衛室でよくお話をしていた。

しかし、どうも様子がおかしいと思っても、その時に、それ以上のことをはっきり伺うことはできなかった。

いずれにしても、私がいただいていた高速メッキ装置の受注は、中止せざるを得なかった。

以前、旭鉄工の部長さんから、

「会社は金がないからつぶれるのではない。閉業した○○会社の重役さんが、近くで中古機械の会社を始められたで見てきなさい」と言ってくださったので、さっそく訪問して、話を承った。その内容は、重役会で会社を閉じざるをえなくなったことの内情であった。


ひるがえって、私が苦労して立ち上げた、「高木特殊工業株式会社」について、私も高齢のために甥に社長をお任せした経緯があった。私は、工場でも事務所でも席を追われ、机も戸棚も勝手に物置に移され、

「年寄りはここで十分ではないか」と言い渡された。

更には、「お前はぼけておる。黙っておれ」とまで。


それから何年たったであろうか。私の開発、研究場所は、かつて母の縫製所だった、母亡き後には家の物置として使われていた場所となった。

会社の資本金はすべて私と妻が出資しているのだが、株主総会も開催の知らせは一度もな

い。退任要請もいまだにないのだ。

開発専門として開業した「株式会社コーケン」は、たたむことにして、別会社、「合同会社波動科学研究所」を設立し、物置工場にて、引き続き開発中である。

母が生存中に、「大（三男である私の弟）、お前のしていることはやがて、家をつぶすことになる。お前の代でなくても次の代でつぶれるぞ」と声をかけていたことがある。

また、母の家の長男であった弟についても懸念しており、「見ておれ。本家はつぶれる」とも言っていた。

そしてその後、正に本家は母の弟の善治（私といっしょに育てていただき、私は兄さんと呼んでいた方）が亡くなり、３人の子供が相続で争い、裁判の結果、全財産を処分、分配することになった。残るものは何もない。

私の家についてはそんなことにならなければよいと願っていたが、ありがたいことに、ずぶの素人の私が、父の教えに従い、「高木特殊工業株式会社」を設立することができた。

初代社長を父にお願いし、素晴らしいお得意様、ありがたい従業員のお陰で今日がある。それなのに、次の社長からはありがとうの挨拶もなく、得意先の命令とかで、私が苦労して始めた外国特許も、なんの相談もなく反古《ほご》にしてしまった。

それをただ、傍観しているしかないのは、悲しいことではあった。

相続とは

テレビのニュースを見ていたら、ある有名会社に相続問題が起こり、世紀を超えて争っているとか。

興味深く見ていたが、なぜそのようなことについて関心があるかというと、私自身の問題として身につまされていたからだ。

長男として生まれ、両親を助けてはげ山を開墾、農作業をするも、収穫というほどの収穫はほとんどゼロに等しいものだった。

高校一年生の頃（年齢十五、六歳）、近くの農協がパン屋を廃業したと知らされた。父が、「利誌、お前は、パン屋をやる気はないか」と勧めてくれたので、「やりましょう。毎日の食べるものも十分でない今の状態では、いずれ行き着く時が来てしまいます。その前に、何とか食べられるように工夫しなければ」と私は即答した。

その当時、農家が納める一俵の米の値段が五円だったのだが、パン屋開業にかかる金額は二十五万円と、途方もない数字であった。

しかし、「一家の長男として、父の商業の知識を学ぶ最良の機会ではなかろうか」と、前向きに判断したのである。

これまでの拙著にも何度も書いてきたが、高校に通学しながら、一年で元利返済、二年生～三年生の間に、六十万円以上の貯金額が農協に残っていた。

これで、大学に進学して、理科の勉強をして理科系の教師を希望するようになった。

ノーベル賞受賞の湯川秀樹博士がおられた京都大学か、自宅から通学できる名古屋大学の

理科系の学部に進むのが希望であったが、職員室へ呼び出され、

「君は理科系を希望のようだが、理科系の勉強は一生できるが、人間を作るのは今しかできない。文化系へ進み、人間を作り変えてきなさい」と、差し出されたのは法学部で有名な中央大学の願書であった。

このことについて、思い出すたびにいつも噛みしめるのは、「これが、先生からの最高の温情、心ある教育だったのではなかろうか」という感謝の気持ちである。

工業、商業の知識、父からの勧めなどなど、これまで恩恵をいただけた教育のおかげさまと、ありがたく思っている。

これまで、大学卒業、就職内定取り消し、警察官ご採用、と、さまざまなことがあった。これも最高の人生の経験と勉強となったが、警察官退職後の私の兄弟の態度は、非常に厳しいものであった。

こうした波乱万丈の人生を送ってきた。私の夫婦家族の苦労も知らない人に怒鳴られたり、

何を言われようとも、理解はいただけないだろうと、ひたすら忍の一字で耐えてきた。

工場を引き継ぎ、「老人ボケのお前は黙っていなさい」と言われるも、技術を伝えようと努力はしてきた。研究は次々に新発見に繋がり、父と決めた社是、

「たゆまざる技術開発を行い、お得意様を通じて、人類社会に貢献する」という信念も、変わらず持ち続けてこれたと思う。

この社是を今一度読み返し、いまだに開発ができている現状にも、感謝を忘れずにいたいと思っている。

また、こうした信念こそ、未来の継承者たちに相続していきたいものだ。

悲しいかな老人

隣村に住む従兄弟から何の連絡もないので、住んでいた家の近くを通った折に立ち寄ってみてびっくり、前年、10月に亡くなったとのことだった。

奥さんが涙声で、

「昨年9月、救急車のお世話になり病院へ行きましたところ、『明日にしてくれ』といわれてその晩は返されました。

翌日、病院へ行きましたら『脳梗塞』と診断され、即入院になったのですが、10月14日午後に退院と決まり喜んでいました。そして、午後に迎えに行くと、午前中に亡くなったと聞かされたのです。本当に悲しいお迎えになりました」とおっしゃったが、返す言葉もなかった。

思えば私も一昨年、ひどい頭痛のため、夜中に救急車を呼んでもらったことがある。連れて行かれたのが、その従兄弟と同じ病院であったのだ。医師は、

「明日、行きつけのクリニックの医者の紹介状を持ってきなさい。今日はタクシーを呼んであげますから、お引き取りを」と言った。

そこで、翌朝に、近くにあってよく行っていた同級生の医者も亡くなっていたので、新しい医者に診てもらった。

「頭が痛いのです」と言ったのだが、診断しながらの答えは、

「どこも悪くありません」であった。

「それでは、総合病院を紹介していただきたい」とお願いすると、

「今時、あなたたちのような高齢者は、総合病院は相手にしてくれないから、痛み止めには定評がある医者を紹介します」とのこと。


それは、老人ホームを併設する病院であった。

そこでの診断は、「頭部帯状疱疹」であった。

治療には、なにかがあっても苦情はいいません、というような内容の書面に拇印を押させられて、こめかみのあたりに注射をされた。

すると、みるみる顔の左半分がはれ上がり、左目と左耳が機能しなくなってしまったのである。すると医者は、

「目については、行きつけの眼科医へ行きなさい」と言う。

眼科医には、その2日ほど前に、車の免許更新のために診断を受けようと訪れていた。「大丈夫。免許更新は問題ない」と太鼓判を押されたばかりである。

その診断を下してくれた医者に診てもらうと、

「これはどうしたことだ」と驚いていた。そして、

「うちでは対処できないから、大学病院を紹介する」ということになった。

結局、大学病院へ通院することになり、4か月ほどして左耳は何とか聞こえるようになったが、左目は、2年ほど経過した今も、機能が戻ることがなかった。

「老人は、夜中に救急車で、何回もお世話になっている病院に行って、診察券を出してお願いしても、診察もしていただけない時代になったのか」と、暗澹たる気持ちであった。

老人とは、悲しいものである。

それでも、世のため人のためになると信じて、日夜、開発、研究を続けている。

災害などの時、電池を必要とせずに充電、発電ができるもの。

知花俊彦先生発案の水からの電気の採集、また電気自動車の時代に役立つ、効率のよい充電。などなど。

老骨に鞭打って、引き続き努力をし、考察などについては著作で問いかけ、読者様からのお問い合わせにも、できる限りお答えしているところである。

技術開発の軌跡

大学の法学部を出て、最強の社会勉強となった警察官を退職後、自分の本来進むべき道として迷うことなく、実業の世界に飛び込んだ。

父の教えに従い、

「たゆまざる技術開発を行い、お得意様を通じて、人類社会に貢献する」という社是を掲げて、高木特殊工業株式会社を設立、したのである。

会社の名前は、警察官退職の折に、警察学校担当教官であった、大竹教官に命名いただいたものである。

たいへんお世話になった和田教官、大竹教官にご挨拶に行った際、「社会の厳しさを乗り超えられるような事業家になるように」と、お励ましいただいたものである。

「高木特殊工業」と「高木ホワイト」という社名が候補になっていたが、「特殊工業」のほうを選択させていただいた。

その後、税務署から、「研究費と特許申請費用が多すぎる」とご指摘されたので、「超硬処理技術研究所」、略して「株式会社コーケン」として、研究専門会社を設立した。

しかし、特許申請した二百件ほどに上る研究に対して、採用いただいた技術は五件ほどであった。

特許申請は多くの手間暇、費用がかかるので効率が悪いと判断し、それ以後は、著作権を確保することに切り替え、著書を出版することに変更することにした。

工業試験所に持ち込もうとしても、私の開発品はなかなか受け入れてもらえなかったために、知人にお願いして「自然エネルギーを考える会」を発足することとなった。

会員の皆さまに、私の作る物をテストしていただくというのが大きな目的である。

第一回発会式として、講演会を催した。その際には、NHKの新技術などに携わっていらした山根一真先生を講師にお招きした。この時に、次のようなレポートも発表された。

一、ある種のメッキ、塗装にて、駄目になった電池が、回復再利用できた。
二、京都大学の林教授が厚生省に依頼され、鉱石を使用した癌の薬を開発して提出すると、「こんなものができてしまっては、医者も病院もつぶれる」と、逆にお叱りを受けた。
そこで、土壌改良剤として利用すると、無農薬無肥料にて、素晴らしい農作物になったが、農協からは、こんなものができては肥料が売れなくなり、農協がつぶれてしまうというクレームがあった。

その後、市役所から廃棄電池やバッテリーを払い下げてもらった。大きな三個の箱に乾電池、バッテリーも九個をいただき、鉱石を使った処理をすると、90パーセントが再利用できるようになった。そして、これはいいものだと市役所に報告すると、前述のように、「こんなものができたら、電気屋さんが潰れてしまう」と注意勧告をされてしまったのだ。

それでも、電池、バッテリーを新しく買い替えることなく、電池の寿命を延ばせるという、長寿命電池、長寿命バッテリーは、人様の役に立つものと思っている。


そして、林教授開発の癌の薬には、私は大いに助けられた。

私は病院でがんと診断されたのだが、がんセンターへの紹介はお断りして、林教授開発の癌の薬や民間療法を試してみると、一か月後には、癌消滅の診断をいただけたのである。

技術開発の軌跡　その二

さて、払い下げてもらった一万個ほどの乾電池の処理について、ご利用、テストいただこうと会員の皆さまなどにお声がけしていくと、東京で開催されたあるイベントの全国大会に、各県で五社が選出される内の一社として選んでいただけて、出店を要請された。

そこで、この大会に千個ほどの再生乾電池を持ち込んで配布し、説明などもさせていただくことができた。

この時、大会の主催者サイドから、最も多くの反響があったとして、お褒めの言葉をいただいた。


また、許可を受けて、豊田市少年発明協会に持参したが、会長から、

「これは危険物と見なされる可能性が高いですね。危険がないという証明書を付けてください」とのお達しが。

私としては、豊田市の少年発明協会へのご協力なので、少年の将来に何らかの役に立てば、参考にしていただけるところがあれば、と考えていたのだが、某自動車会社の役員から一部上場の関連会社の社長になったという会長からお叱りを受けたことは、大きなショックであった。

しかし、船井幸雄先生にご訪問いただき、私の開発していたワッシャーのようなかたちのメッキ加工物を見ていただくと、

「これは、すごいパワーですね、パワーリングと命名したらどうですか」と、嬉しい評価をいただくことができた。

そのとき同行されていた慶應大学の教授が、急用でタクシーにてお帰りになっている途中に、お電話をしてくださった。

「携帯電話の充電が切れていたのですが、いただいたリングを当てると、こうして電話ができるまで電池が回復しました」とのことだった。

このことで、充電機能があることが分かり、トータルヘルスデザインの近藤洋一社長様（当時）にも、充電塗料（塗料では固まってしまって不便なため、後にテープ〈カタリーズテープ〉の形に変更）として販売いただけた。

また、船井先生が、在庫としてあった充電電池を、「フナイオープンワールド」で参加者にお持ち帰りいただいたとのご連絡をくださった。

その残りの何個かが、数十年たった現在も使用可能である。

また、二〇一四年十月十八日に、岩崎士郎先生をお呼びして、「車、健康、環境改善」に関しての講演会、体験会を開催した。

そして、岩崎先生に解説していただいた内容をおまとめいただいたものが、142ページにあるので、参考にしていただきたい。この内容を小冊子にもしたが、評判が良く、3回ほど増刷することもできた。

岩崎先生は、先日来訪されて、私が作る波動テープのパワーや効果にびっくりされていた。

そして、飲水が改善されるコースターについても、ご注文をくださった。

また、お話をしていくうちに、いろいろな再発見があったのがありがたい。

カタリーズテープなどの製品を、私の車のバッテリーにセットしたところ、その後はバッテリーもオイルも、ほとんど交換しなくてよかった。

以前、やはり私の作った物を使用して、車を買い替えるまでの20年間、バッテリーを交換しなかったという報告もいただいていたが、私自身でも、長期に渡る効果を確認できた次第である。

これを東北や九州の被災地へご寄付したら、たまたま入手されたお医者様が、癌患者の症状が軽快したというご報告をくださった。

追加注文もいただいたのだが、「こんなものができたら病院もつぶれる」というクレームもあったらしい。

ブラジル国籍の従業員の採用

ありがたいことに、お得意様からご注文がいただけるようになり、仕事はできた。

ところが、公害防止法ができて、廃水処理規則の強化により、「タンクの横からも底の部分が見えるように変更しなさい」と、保健所の課長さんからお達しがきた。

作業を続けながらの変更はできなかったので、新工場の建設をせざるを得なかった。

そこで、高校の同級生であった竹中工務店の設計課長から営業部長になられた早崎部長さんにご相談し、建設に着手した。

しかし、工事費は億単位の金額で、その当時としては新技術導入以外、新規の受注は困難と思い、美濃商店にご相談してヨーロッパの技術導入の決断をした。

見学をお願いすると、たまたまドイツへの見学旅行に同行させていただけることになり、長女の清世と二人で参加することになった。

シュナール社では、オイゲン社長様のご案内で工場を見学し、見たこともないメッキを目にした。お聞きするとイギリスの工場の特許で、潤滑の良い新技術とのこと。

メッキ金属の中に、「テフロン」を混入したものであるとご説明いただいた。

さっそく教えていただいたイギリスのメッキ工場に行き、特許を導入したところ、仕事はできるようになったが、お得意様からのご注文はさっぱりであった。

そこで、日刊工業新聞に広告を掲載すると、東京の会社から新聞広告を見たと、重役様三人にお越しいただき、

「有償で結構ですから、一万個、条件を付けてお願いいたします」と、ご注文をいただくことができた。

お聞きしたところ、毎日万単位の数量だという。設備の増強、従業員の確保に一か月ほどいただいたが、そのころの状況では従業員をお願いできるあてもなかった。

そこで、警察官時代、進駐軍の基地のある警察署への勤務だったことで外国人登録法にも通じていたので、萩野君とご相談し、ブラジル在住の知人の息子さんにお願いに行くことになった。

かつて、父の工場で働いていただいたことのある娘さんが結婚してブラジルに行っていると知り、お訪ねしたところ、就職していただけることになり、帰国の約束を取り付けた。

このことを日刊工業新聞に報告したところ、一面トップに掲載された。それがもととなってＮＨＫテレビや各種新聞にも紹介され、名古屋の入国管理局からもご相談いただけるようになった。

このようにして工場も順調になり、現在に至っている。

しかし、この苦労を知らぬ新社長夫妻は、「俺が社長ではないか。豊田さんの命令だから仕方がない」といって、私の意見を聞いてくれることがない。

プロジェクトX

少し前に、医療に関して取り上げていた、NHKの「プロジェクトX」を見ていて、気が付いたことがある。

医者も、患者も、どのように治療すればよいかを、それぞれ真摯に考えている。薬も、治療器も次々に新しいものが開発され、どれもが素晴らしい。

しかし、それよりも大事なことは、病気にならないことではないか、と。

病気になってから治すよりも、病気にならないほうがよほど大切なことであると思われる。

最近は、予防医学にも力が入れられ、例えば、さまざまな予防注射やワクチンなどがあるが、その予防注射やワクチンで、体に不調をきたす人が出てきた、とマスコミでも取り上げられている。

医学博士の丹羽靭負先生は、自分の子どもが小児がんにかかり、治療薬でも回復しなかったという経験をお持ちの方だ。プロフィールには、次のようにある。

「西洋医学の限界を知り、自然の植物から独自の抗酸化剤、制がん剤を開発し、全国の診療所でがんや膠原病などに大きな治療成果を上げている。」

丹羽先生は、「病気を治療するよりも、病気にならないことが一番」とおっしゃり、病気にならないために一番大切なものは、「飲み水」だとお考えになったようだ。

そして、『水：いのちと健康の科学』（ビジネス社）という本を出版なさった。

＊＊＊（『水：いのちと健康の科学』Amazon 紹介文）

本書は特に、近年、人口増加による水洗トイレより流出する水質の汚染と、そのために大量に殺菌用に使用される浄水場での塩素（カルキ）、また電気器具や食品の包装・容器に使用する有機塩素製剤（ポリ製品）から溶出する塩素が遠因となっている史上最強の毒物ダイオキシンの我々の生活環境での増加、さらにはオゾン層の破壊の急速な進行による重症アトピー性皮膚炎や皮膚癌の増加、樹木への影響（木の葉が枯れ始めている）、それによる人類の存亡にかかわる大水害の発生の危険など、差し迫った人類生死をかけた環境諸問題が噴出し、早急にこの現実を皆様に訴えようと、旧版を改訂して、まず、最も大切な「水」の汚染の問題を重要なテーマとして取り上げ、その正しい科学的な対策方法を紹介し、その他、諸々の地球の危機について、また著者の研究所の最近の研究結果などから、この現代の環境汚染について真剣に悩んでおられる読者の皆様と共に考えていくことにしました。

＊＊＊（引用終わり）

その本を、友人の早崎君が「これを読むといいぞ」と教えてくれた。

当の早崎くんは、20年も前にあの世へ旅立ったが、私はこの本のおかげで、水を改良する方法を考えるようになり、「自然エネルギーを考える会」の会員の皆様のリポートによりその方法も見出すことができ、現在がある。

「水」の大切さについては、読者の皆様も今一度、考えてみていただきたい。

東京大学を出られた浅井一彦先生も、病気の治療のための浅井ゲルマニウムを開発されたが、繰り返しになるけれども病気になって治療するよりも、病気にならないことが一番大切である。

私は、丹羽靭負博士の「最良の水」を目指すことに集中したいと思っている。

私の開発品の一つには、波動水を作る「コースター」がある。

波動水は、「電気水」そのものでもある。

この波動水は「電池」にもなりえる。つまり、「充電水」でもある。

その根本はもちろん、波動であるが、これについては、近赤外線でもあることが分かってきた。詳細については、またご報告できる機会があれば幸いと思う。

美濃部少佐

美濃部少佐とは、海軍大学から航空機パイロットになった、遠縁の親戚である。マレー沖海戦で、イギリス戦艦プリンスオブウエルス撃沈の時には、偵察機に乗っていて「敵艦見ゆ」と、打電したと聞いている。

私が工場を始めたと聞き、お立ち寄りいただいた時のことであった。美濃部少佐はその働きぶりが司令官のお目にかない、娘さんの伴侶として請われたそうである。そこで、婿養子として入籍されたとお聞きした。

「どうですかね、工場は」とのお声がけに、

「高校の時のパン製造販売と違い、今度は工場の製品です。金型については、ずっと神経を使います」とお答えした。

すると、次のようにお話いただけた。

「私は現在、○○会社の技術部で製品工場の指導をしていますが、技術部門のオリンピックで、金メダルが取れるようになりました。

これには、0．1ミリの違いが目で見てわかるようでなければなりません。そうでなければ、銀は取れても金は無理です。

それも、作業所から検査提出所までの距離や、気温までを考慮する必要があるのです。提出する部屋の中の温度までも、考慮しなければなりません。

偵察機の時は、高度何千メートルの雲の一瞬切れ間に見える、敵の艦の種別、進行方向、速度を見極め、打電しなければなりませんでした。

その報告によって、勝つか負けるかが決まるほどのことでしたからね」と、

「ありがとうございます。肝に銘じ、よくわかります」と。

その後、美濃部少佐は自衛隊に入隊、海将になられたと聞いた。

また、彼のお兄さんの太田守さんは、海軍大学の卒業時に、金時計（＊帝國陸海軍の学校や帝国大学等の優等卒業生に贈られた時計）を授けられたそうだ。

私がそろばん塾に通学していた頃（昭和十五年頃）、駅で待っている時に海軍将校の服装でお目にかかったことがあり、

「海軍大学に、語学の研修のため再入学、大東亜戦争勃発後、インドネシアでの司令官になられ、戦後には、高校の語学の先生におなりになりました」と、父の知人からうかがった。

守さんからは、私どものような凡人にも、親切に対応いただきましたことも、素晴らしき記憶である。

大谷選手のニュースを聞いて

日本が誇るメジャーリーガー、あの素晴らしい大谷翔平選手に関わるスキャンダルが、世間を騒がしている。

通訳が働いていた悪事について、大谷選手が全く知らなかったとのニュース聞いて、私も

大いに反省するところがあった。

私も会社のオーナーとして長年勤めてきたが、果たして、スタッフたちの相談を、過不足なく受けることができていたのだろうか。


また、警察官を退職して実家へ帰郷はしたが、父の許しはいただくも、女房や家族の意見をきちんと聞いたといえるであろうか。

オーナーとは、すべての責任を受ける立場である。

スタッフの相談はもちろん、家族との相談もまた、とても大切なことである。

それを怠ったこともあったのではないかと、今になって思い返される。


私の夢にずっと付き合ってくれている家族こそ、最大の被害者ではなかったであろうか。

私こそ、最大の世間知らずではなかったか。

女房には、

「すまなかった」とあらためてお詫びをした次第である。

廃業した妹夫婦

拙い文章に付き合っていただくのは恐縮ではあるが、戦前生まれの老人の戯言と思って読んでいただければと思う。

戦中、戦後の食糧難の時には、自分の困った時はどなたも同じという状況であった。

そんな中にも、人にお喜びいただけた時には、自分も本当に嬉しかった。

パン屋を営んでいた時には、一個の芋あんのパンでもとても喜んでいただけたものだ。

甘い物などほとんどない時代に、サツマイモの甘みのアンパンは、自分でもとてもおいしく、ありがたいという時代であった。

さて、昭和が終わり平成になり、妹夫婦は製造業を廃業することになった。

その一年前に、得意先企業に「来年には廃業します」と連絡し、従業員には十分な退職金をお支払いできたと言う。

工場も全部取り壊して太陽光発電所に変更して、不自由のない暮らしをしている様子である。

私はといえば、警察官を退職してからは、父の勧めで事業を立ち上げるも、しばらくは妻の内職の賃金での生活を余儀なくされていた。

それから五十年、外国特許取得をし、お得意様にも恵まれ、長女に婿さんをお迎えすることもできた。

土地を増やさねばいけないという事態もあったが、それもなんとか乗り越え、増えた土地も次の工場にした。

しかし、私が六十三歳にてがんになり、事業は婿さんへ引き継いだ。そのがんからは一か月ほどで生還した。波動が転化された薬などの療法で、寝込むことなども一日もなかった。

その後、名古屋工業大学卒業の次女を社長にして、前述のとおり「株式会社コーケン」を設立したのだ。

特許二百件余りとなるような開発をしたが、引き継ぎを期待していた孫の体調が悪く、次期社長を甥にお願いすることになった。

「合同会社波動科学研究所」を設立した現在は、トイレもない物置小屋で開発の毎日である。


私の家族には本当に苦労をかけ、かわいそうな生活ではあった。

これまでずっと、会社を立ち上げたり、たたんだりしてきたが、どこかの時点で廃業としておけばもっと苦労は少なかったのかもしれない。

それでも、毎日の研究は、生きがいとなり、励みとなっている。

やはり自分は仕事人間だったのかな

今は九十二歳となった私だが、いまだに気が向き、当たり前のように体が行ってしまうのは、研究、開発室となった物置である。自分の思うものが作れる場所なのだ。

次に何をするかなどの段取りをパソコンの前で考え、今日も、明日も、仕事をさせていただけることを喜ぶ。

趣味の囲碁も、六段をいただけたが、教えていただいた同級生の萩野君も今は亡く、私の築いた工場も、次に渡してしまって、工場にも事務所にも、座る場所もなくなった。

物置なのはよいとしても、辛いのはトイレがないことである、さりとて、今さら増設するのも、無駄のような気がして、思い切ることができない。

振り返ると、警察官を退職した時に、警察署長殿からお言葉をいただいた。

「警察官を途中退職したものは社会に溶け込めず、すぐに舞い戻ろうとするが、もう帰るところはないぞ」と。

女房子供を連れて帰ると、弟夫婦には拒絶され、退職金は父にすべて差し出して、私の家族の持ち金は女房の持つお金のみであった。

しかし、ありがたいことに、妹の夫婦が先に工場を開業していたお陰で、メッキ業の問屋を紹介していただくなどのありがたいサポートを得られ、鶏小屋の片隅にて、試験などを開始できた。

それからというもの、どれを考えても「神様のご加護」と申し上げる以外、説明ができないような奇跡を体験させていただけた。

最初に訪問した会社の役員様から、「会社を見せてもらいたい」という希望があり、お越しいただいたのは、庭の隅にあった鶏小屋であった。

そこの片隅に、一つのみあったメッキタンクを見て、かなり驚かれた様子である。ただ、二十五坪の工場が建設中であったので、

「あなたは大物だ。この状況でわが社に営業に来るのは大したものだ」とおっしゃってくださり、最初のご注文をいただくことができた。

その次のお客様は、私が高校時代に営んでいたパン屋のパンを、よくお買いいただいていた家のお子さんで、ある会社の係長様だった。

新しい工場ができ上がり、新工場で開業すると、急遽、以前にはお断りされた大工場の部

長様から、「ぜひお願いしたいと思います」と、お声がけがあった。

工作機械の大型シャフトのペアリングのかじりという現象が起きており、シャフトが傷んでしまっていた。

3日以内に修復しなければ、得意様との関係で大変なことになるとのこと。


そこで、我社には2日間で、ある難しいメッキをしてほしいと。それは、我社でもさまざまに困難な状況を乗り越えて、苦労して獲得した技術が生かされるようなご注文であった。

「他に、できる会社がどこにもないからぜひお頼みしたい」とのことである。

この時には、「我社でも困ったことを乗り越えた経験が、ここで生きることになるとは」と、「これこそ神様のご加護」と感謝させていただいた。


これにて、高速メッキの第一歩を踏み出すことができた。

しかしこの結果から、インラインメッキ（＊対象物を亜鉛の入った「メッキ釜」に浸漬するのではなく、対象物が製造ラインで成形していく過程で、溶融亜鉛メッキを施す製法）に着手するも、これはメッキ業の衰退につながると中止した。

なんでも思うようにはいかないのが、世の常ではあるが、いろいろな経験を積ませていただけるのは、とてもありがたいことである。


全くの素人の私が、工場を始めて素晴らしいお得意様に恵まれ、素晴らしい従業員にお助けいただき、家族に不自由な思い、生活もさせたが工場も建設でき、図らずも土地も増やす結果となった。父には、

「どの子どもにも家を建てたので、おまえにも家を建ててやろう」とお勧め頂いたがお断りいたし、両親の工場を先にと、私の希望をお伝えした。

現在はこの工場を追われて、物置を新工場として、新会社「合同会社波動科学研究所」設立、開発にいそしんでいる。

ありがたいことに、結婚して転出した次女夫婦が、物置小屋を整理してくれて、現在はなにかと私を助けてくれている。

現在の開発品は、販売目的ではなく、ご寄付中心としている。

これまでにいただいたご縁、ご恩に心から感謝しつつ、今後も少しでも社会に貢献できれば、こんなに幸せなことはない。

あとがき――ありがたいです、恩師のご恩

繰り返しになるが、高校卒業に際し、「有名な大学の理科系を志望のようだが、理科系の勉強は一生できるけれども、人間を作るのは今しかない。文化系の大学へ進み、人間を作り直して来なさい」と、三年二組の担任の坂田先生、加藤教頭先生に職員室に呼び出され、中央大学の願書を渡された。

私としてはまったく不満だったが、恩師のお諭しを無下にはできぬと従い、入学試験に合格。無事に入学したが、大学の授業は選択制であったので時間を持て余し、「ボート部員募集」の張り紙に吸い込まれてその部屋へ入室すると、

「おい、でかいのが来たぞ。ぜひはいってくれ」という声が上がった。

このボート部にて、イギリスのオックスフォード大学、ケンブリッジ大学のボートレース経験のある川原教授より、

「ボート競技は紳士の競技。マフラーはダメ。服装も紳士らしい服装を。生活もそのつも

りで」と教えられた。

ボートは、体力づくりには最高の競技で、また、先輩のありがたさを実感した。

私が工場を始めた時、「素人が始めるとなると技術は大丈夫か」と、栗田工業の総務部長になられた山縣先輩が技術部長をお連れくださり、作業見分とご指導をいただいて感謝感激した。

また、飯野海運の俣野健介社長様の、ボート新設のときの対応は、これぞ先輩としての見本の対応だと感謝いたすほどの最高のもてなしであったことは、肝に命じて記憶すべきである。


卒業に際し、山田先輩、落合先輩のご紹介にて商社に就職が内定するも、「経済界の不況により内定取り消し」となった。

たまたま父の病気により急遽帰宅するも、内定取り消しについては報告できず、卒業を一年延期しようと、合宿への参加を名目に、岐阜の長尾後輩に会いにふらりと岐阜へ旅立った。

そこで、「警察官募集」の張り紙を目にした。

このおかげで、私の一生で最高のありがたいご縁がいただけ、警察官退職後、工場建設の祝賀会に、警察学校教官の大竹先生、和田先生がご来訪くださった。

その後、お手紙にて、私に対する親にも勝るご指導をいただいた。

本来なら大学出身者は不採用のところ、一科目残して留年を余儀なくされたことが判明し、一部救済の目的も含め、特別採用を県本部と協議してくださったおかげでご採用いただけた。またその後、上司の採点不良があったために、退職やむなしの結論に達し、私の退職を了解いただけた次第である。

このように私の一生の恩師は、たくさんおられる。神のみぞ知るようなすべての事柄について、「世のため、人のために尽くすことに専念すること」をいつも自身に言い聞かせているが、この年齢になるまで、その教えによりお守りいただけていることに、深く感謝申し上げる。

「車・健康・環境改善」体験会

空間エネルギー研究家　岩崎　士郎　氏

参考資料１

日時；2014年10月18日（土）　13時　～16時30分
場所；高岡コミュニティーセンター　1F

「採電」

⌂　このアルミ箔を貼ると20%効率がアップする。

△　名詞で作ったピラミッドでこれを3箇所以上（平面を作る）置いて結界となし、その中にPH7の液体を置いてみると1週間後PH8になった。

Oリング効果でやってみると誰でもわかる。
人差し指と親指でリングをつくり、ピラミッドの結界の中と外でリングの力を試してみると、結界の中では力が強くなっている。

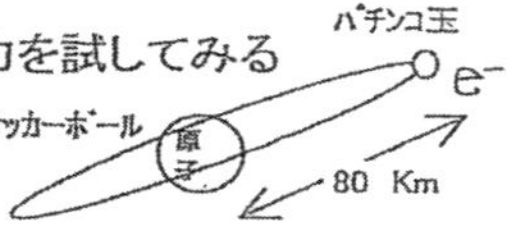

○　△でも○印でも何でも良く、自分と神様との約束で決めればよい。
⌂　印は万国共通であるが例えば100円硬貨の裏表でも良い。
どちらかが「出る」・「入る」と　決めればよい。

e⁻　物質は　原子の周りを電子（e⁻　）が回っている。電子がパチンコ玉程度の大きさだと原子はサッカーボールくらいになり、それぞれの間の距離は80kmくらいである。その間にはなにがあるのだろう。それはエネルギーを持ったエーテルというもので、宇宙もこれで満たされている（空間エネルギー）。
劣化というのは電子（ e⁻ ）がなくなったり弱くなっていく現象。電子を供給してやりたい処には ⌂ のアルミ箔を貼り、電子を弱めるには ⌂ のアルミ箔を貼れば効果的。
又、面に対して垂直の作用を望む場合は✡を「入る」、出るは✡をその面に貼る。

空間エネルギーの取り出し方で、
人差し指を
右に14.5回（注入する）
左に14.5回（抜き取る）
という方法でやっている人もある。

痛いところ（抜き取る）

✡ を貼る

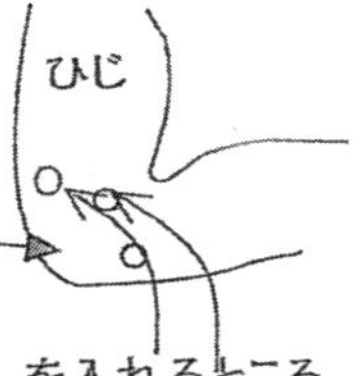

e⁻　を入れるところ

色即是空　・　空即是色

形ある物これすなわち空であり、その逆も真なり

一即一切　・　一切一即

一部はすべてであり・全ては一部である

というようにお釈迦様も言っておられるのに

アインシュタインを使って、1916年　$E=MC^2$ という

方程式で現される科学が万能である「唯物」で世の中が出来ており

原爆が作られ、皆奴隷となって働き、稼ぎはロックフェラーへ行く社会となった。

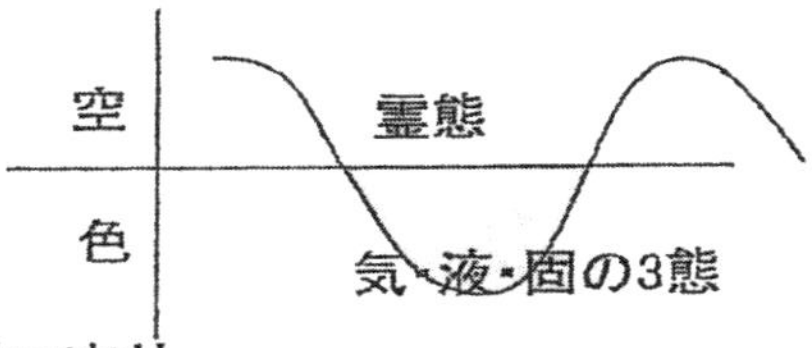

(　　)氏の発表された式

$Q(t)=Qe+\underline{\underline{aeff(t)\cdot Qm(t)}}$

物の性質　原子・分子からの力　磁気・情報・派動

これは

物の性質は原子や分子の目に見える物の力と

目に見えない力で出来ている。ということで

意識を入れることで現象が変えられる事を意味する。

「意識」を入れる

形や絵や動作に、意味を込める。

それを貼り付けたり、書いたり、行動したりして、浄化したり、向上したり、改善したり、治したりする

自動車の性能アップ例

車の四隅に上向きに貼る
車輪を保持している二つのアブゾーバーカバーに貼る
空気取りいれ口に取り込む方向に貼る
マフラーに排気方向に貼る

↓

足回り性能が向上し、静かになり、出力が向上する

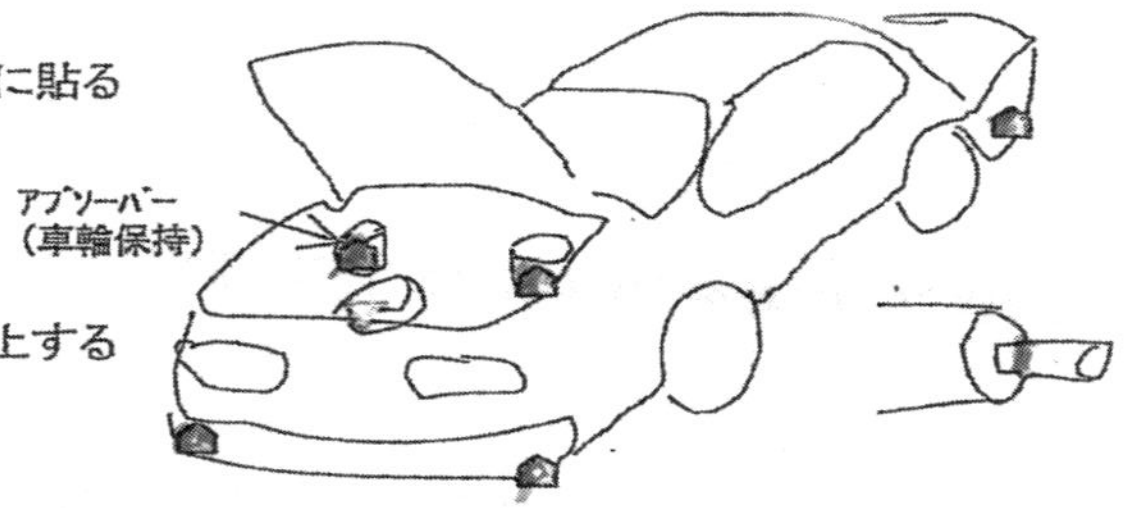

快眠安息の部屋

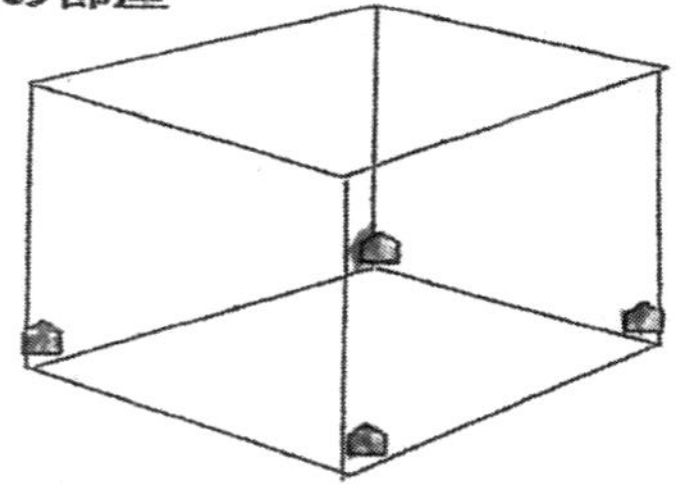

部屋の四隅に上向きに貼る

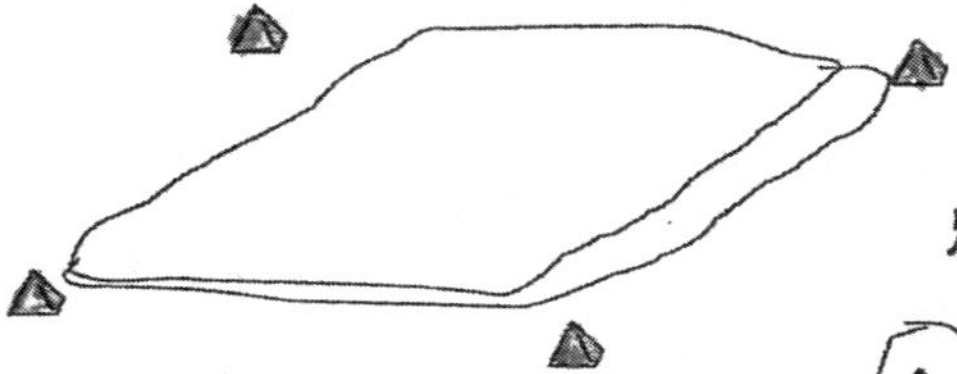

布団の回り四箇所にピラミッドを置く
これは、名詞でも何でも三角に折って
尖った方を上向きにすればよい

足を楽にする

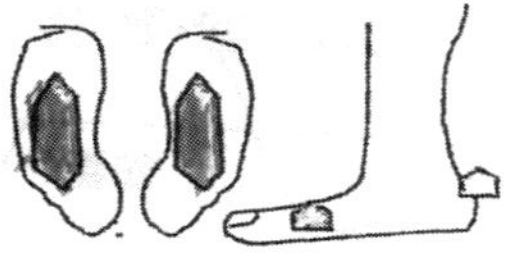

足や靴に貼ると
楽に歩ける

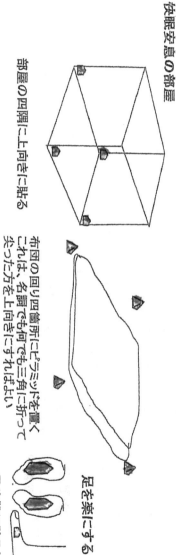

自転車の性能アップ

反重力の印として貼る

回転方向に何箇所も貼る

ゴルフクラブ

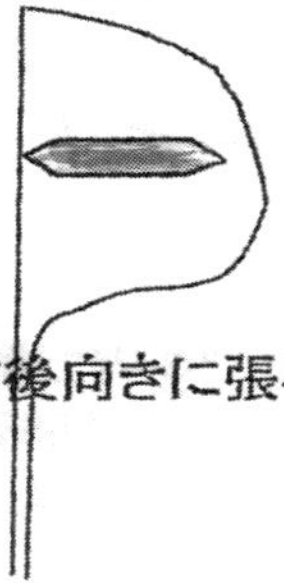

クラブの底に前後向きに張るとぶれない

膜宇宙療法

神山光雄氏が発表した方法

手順

1　仰向けに足も伸ばして横になる
2　両手の親指で糸繰りのように回して、両腕を広げる。このとき
3　「私の○を治す膜」と言いながら身体の周りにビニルのトンネル様子をイメージする
4　左腕をひじで折り人差し指を上向きにし「私のDNAにスイッチオン」と2回発す
5　「私の○を治す膜」と言いながら身体の周りにビニルのトンネル様子をイメージする
6　「動いていいよ」と2回言う
7　「私の○を○(整える・痛みをとる)してください」と言う

右指と左指による美容・健康向上法　　（上の続きか定かではない）

表の左の数字が右指。右の数字が左指で、それらの指を接触する。
数字は、親指が1、人差し指が2、の順で小指が5となっている。

参考資料2
一般社団法人空間エネルギー普及協会&空間エネルギー研究所理事長のご挨拶（空間エネルギーへのいざない）

みなさま、はじめまして！

私は一般社団法人『空間エネルギー普及協会（Spatial Energy Spread Association）』代表理事と、協会傘下の『空間エネルギー研究所』長を兼務する岩崎士郎（空間エネルギー研究家）です！

私たち人間が、私たちの棲む地球という惑星に内包されている『エネルギー』だけを遠慮なく使い続けると、さほど遠くない未来に、私たちを取り巻く『環境』ばかりではなく、地球自体の『生命』の存続にも致命的なダメージを与えることになるであろうことには、愚かな私たちであっても、さすがに薄々気づき始めている昨今ではあります。

しかしと申しますか、さりとてと申しますか、残念ながら、具体的な『代替えエネルギー』に関する知恵もビジョンも、愚かにも、人類は今のところこれといったものを持ち合わせていないように思います。

そんな現状ではありますが、私、空間エネルギー研究所・岩崎士郎は、私たちの周囲に無限の広がりをみせる『空間』は、そのものが『エネルギー』であり『高次の意識体』というように認識しておりますので、これを『地球が内包するエネルギー』の代わりに使ってはどうだろうか？……と提案したいのであります。なにしろ『無限』に存在しますから…

そこで、地球上、そして宇宙に無辺際に広がる『空間』の中に遍満している無限の『空間エネルギー』を世界のエネルギーシーンに導入するべく、その礎《いしずえ》とするべく立ち上げたのが『空間エネルギー普及協会（Spatial Energy Spread Association）』なのであります。

さて、それでは、私の言うところの『空間エネルギー』とはどんなものか？……という話に移っていきましょう。時は今からひと昔前の２００５年頃のことです。私は、私たちの目の前に広がる『空間』と呼ばれるスペースから、我々地球人類が利用することのできる『未知のエネルギー』を取り出す『方法』と『装置』を開発しました。

私はこの『方法』と『装置』に『Uso800』〈Unidentified Supernatural Object（未確認超自然物質）８００（はご愛嬌です）〉と命名しました。当時はまだ、私のこの発見に、耳を傾けて下さる方も、注目して下さる方も、ほぼ皆無。誰もが「君、病院行ったら?!」という感じの呆れ果てたような顔で私を見たからです。命名は半ばヤケクソ…というか、自虐的な響きの奥に「秘めたる無限の可能性」というような意味合いを忍ばせた一種独特のものになりました。

まあ、この『方法』と『装置』によって『空間』から取り出した『エネルギー』を、内燃機関やモーター等の動力に与えますと…化石燃料や電気などの既存のエネルギーをアシストし、その性能を何段階か飛躍させることが出来るのです。もちろんこれは植物や動物の育成エネルギーにも使えると思います。

『空間エネルギー』の『空間』の文字を『宇宙』と入れ替えてもいいと思うのですが…『空間エネルギー』即ち『宇宙エネルギー』は『エネルギー』である一方で『空間（≒宇宙）を構成する最小単位クラスの超微小粒子（振動しつつ『波』と『粒子』という二つの形態の間を行ったり来たりしているハズです）』であり、アインシュタイン登場以前は『エーテル』。現代では『暗黒エネルギー』『ダークマター』『気』『マナ』など種々の呼ばれ方をしている、すべての物質の『素』であり『母体となる物質（≒マトリックス？）』なのではないかと思う次第です。

『物質』は『プラスの電荷（＝原子核）』と『マイナスの電荷（＝電子）』の組み合わせですから『プラスの電荷』と『マイナスの電荷』の両方を生み出して『物質』を形成する『素』となるには『宇宙（＝空間）エネルギー』は『虚数の電荷』でなければならない…という仮説が成り立つのではないかと私は考えています。また、この『虚数の電荷』が『宇宙（≒空間）』を満たしている！……と見ているワケです。

『空間』は我々人間が暮らしている地表から空へ、空から無辺際に拡がる宇宙へと続いていますから、考え方によっては、この『宇宙（＝空間）エネルギー』を手懐けることで、我々は、尽きることのない『天空の油田』を手に入れることになるのかもしれないのです。

一般社団法人空間エネルギー普及協会代表理事　岩崎士郎

空間エネルギー研究家　岩崎士郎からの提言

私の口から出る言葉は『USO800　真っ赤な真実（ホント）』…真実とは、今まで間違っているとされていたことの中にこそあるのかもしれません！

さて皆さん、今まで皆様にお伝えしてきたこと、そして、これからお伝えすることも、私、空間エネルギー研究家・岩崎士郎の戯言として聞いていただきたいのですが…

なぜ戯言かというと…貧乏研究家ゆえ、実験を繰り返して結果を記録して確証を得る…つまりはエビデンスを取る…というようなことが全くデキてないからです。

あくまで私の中で「体感的」に「結論」が出たら次の実験に移り、私の言うところの「空間エネルギー」の「実用」に耐える「使い方」をドンドン開発したかった。

ナゼなら、この悪魔的に魅力的な「力」の「研究」を始めた時、私は既に40代半ばに達していたから…私には時間がなかったのです。

何かを証明するには必要ではあるだろうけど、後から誰にでも出来ること…つまり科学者や常識人が言うところの『科学的な証拠（エビデンス）を積み重ねること』…という泥沼のような作業に手をつけて時間を浪費したくなかった…ゆえに、私の開発したものは「実用的」ではあるけれど「エビデンス」のないものばかりになってしまった。

だから私は、自虐的な意味も含めて、私の発見した「自然法則」やその「応用法」やそのための「装置」をひっくるめて「Uso800（ウソ八百）」と名付けたのです。

私の発見した「自然法則」や「発明物群」はどれも眉にツバを塗りたくなるような怪しさが漂うものばかりだけれど、どれもが真実（ホント）の本物です。

私はそれらを総称して「Uso800」と呼んだのですが「Uso」は実は『Unidentified（未確認）

supernatural（超自然）object（物体 or 物件）』の頭文字なのです。

私の研究は、誰がどう考えたって「科学的」でも「常識的」でもないのですが「科学的」でも「常識的」でもないがゆえ「非科学的」かつ「非常識」であるがゆえ「科学」や「常識」にはまったく縛られることも、邪魔されることもなく「自由」で「自在」。言い換えれば「エエ加減」なのが持ち味なのです。

これといっても誰もが納得するような『エビデンス』がないので『私の言うこと』は一般的に言って『戯言』の範疇に入る…と申し上げるのです。

私、40年ぐらい前に大活躍し「天才漫才師」と謳われた『B&B』の島田洋七師匠の「アンタの話…8割ウソで、2割作り話やろ？」というギャグが大好きなのですが。

『科学信奉者』や『常識人』から見れば、私は、そのギャグをまんま地で行く「いい加減極まりない人物」「異常の人物」ということになるのでしょうね？

私の動画に対するコメントや2ちゃんねる、そして彼らのブログなどには「キチガイ」「詐欺師」「無知蒙昧」「なめてる！」等々、罵詈雑言の限りが書き込まれていますが…

それらは彼らの内側からこみ上げてくる私への『愛憎』の感情なのだろうと、私は受け止めています。私なんかに関心を持たねばよいだけの話なのにね？

たいへんに悔しいだろうけれど、私が口にする『戯言』が、ほとんど『その通り』『そのまんまな『結果』に行きつくところが、また彼らの感情を逆撫でするのでしょうね。

しかしながら『目の前で起こる（進行する）単純な現象』は、それを『観察する人間』の『思った通り』『狙った通り』の『結果』に収束（終息・集束）するのです。

この『思った通り具合』というか『程度』というかがまた『量子力学』で言うところの『観察者効果』どころの騒ぎではない『ストライキング』なものだからタマらない。

『目の前で起こる（進行する）現象』に『観察者』の『思惑』が加わって『科学法則』が導くのとは多少～かなり異なった『結果』が生じる…というのが『観察者効果』ですが『目の前で起こる（進行する）現象』に関わる『法則性』や『結果』を決め『結果』を大きく変えるのは、その『状況』を見ている『観察者』自身だと私は思うのです。

そうなると『科学』や『常識』は『目の前で起こる（進行する）現象』を『観察者』の『思惑』からは遠く離れた『不自由』なものにする『足かせ』にしかなりません。

『花咲か爺さん』が灰を撒いて枯れ木に花を咲かせる…という奇跡を見た隣家の『意地悪じじい』が同じことをやっても奇跡が起きないのはナゼなのでしょう？

『意地悪じじい』…すなわち私と同じことをやっても芳しい『結果』を得られず、私にお門違いな罵詈雑言を浴びせてくる連中に共通していることは『望ましい現実』を作るには『足かせ』にしかならない『科学』や『常識』を信奉し、崇めたて、自らの『感覚』や『感性』を軽んじる…そんなことではないかと思うワケです。

自ら『足かせ』をハズして『自由なフィールド』に踏み出していけるかどうかで『Uso800』のような『望ましい現実』の『創出装置』が使えるか、使えないかが決まります。

『目の前で起こる現象』を『科学』や『常識』といった『偏見』に囚われず『素直に』見、受け取ることが『宇宙』が作り出す『奇跡』を『享受』する『秘訣』だと思いますね。

と言うよりも『科学』や『常識』といった『偏見』に囚われることは『宇宙』が作りだす『奇跡』を受け取ることを『拒否』するのと同じことだと申し上げたいのです。

もっとも、我々凡人にとっての『奇跡』は『宇宙』にしてみれば、むしろ『当たり前』。『当たり前』を『奇跡』と認識する愚かさに、そろそろ気付かないとね…。

「空間は、その中にエネルギーなど存在しないガランドウだ！」というワケですが…これは『陰の存在』にとって『エネルギーシーン』を牛耳るのに非常に都合がよかった。

「空間からはエネルギーなんか獲れないんだから、石炭買え！」「石油買え！」「原子力買え！」という具合に、我々はこの百年間、割高なエネルギーを買わされ続けてきた。大天才・アインシュタインは「陰の存在」とも呼ぶべきはしこい少数の人間（人間じゃないかも？）に上手に利用されたようです。

それまで信じられてきた「空間は『エーテル』と呼ばれる超微細な粒子で出来ている！」という考え方は、アインシュタインによって闇に葬られたのです。

長い舌を出して『アカンベ～』している有名な写真がありますが、あれは我々、騙された側の人類に対して「バ～カ！」と言いたかったんではないかという気がします。

我々ははしこい少数の人間によって騙され続け、搾取され続けてきた『頭の悪い奴隷』なのだということに、世の中の私より賢い人々が気がつかないのはナゼなんでしょう？

さらに「エネルギーを牛耳る側」が私を『敵』と見なして激しく攻撃してくるのは分かりますが、同じ「奴隷」が私を悪く言う理由が、私にはナゼだかサッパリ分からない。

話が変な方向に向かったので本題に戻しますが…

『Uso800』を使ってみようと思う人にとって『夢を現実化すること』は『豆乳』に適量の『にがり』を加えて『豆腐』を作り出す作業に似ていると思います。

足立郁郎先生によると『夢』だとか『希望』『理想』『ビジョン』など、イメージ可能なあらゆる『構想』は『原子』から『電子』を完全に取り去った『原子核』なのだそうです。

それに必要なだけの『電子』を加えると完全な『原子』になり『物質化』『実体化』が起こり『夢』は『現実化』(ドリームズ・カム・トゥルー)する。

『夢』を豆腐の材料の『豆乳』とすれば『電子』が『にがり』。カム・トゥルーして現前した『現実』が『豆腐』…というワケですから。

『豆腐を作る(夢を実現させる)』ためには、材料の『豆乳』である『夢』に必要なだけ『にがり(触媒)』として働く『電子』を与えればいいことになります。

経験上『Uso800』は『空間』から『電子』を動員する『装置』らしいですから、実現させたい『夢』を持っている人がコレを持つと『夢が叶う(現実化する)』んですね。

天下のトヨタは、アルミテープが「マイナス電荷」を発生して車体の「プラス帯電」を解き「空間抵抗を低減」させる…というような『科学信奉者』や世の『常識人』好みの(切れている?)

かといって「本当にそうなのかよ?」というような玉虫色の『理屈』をくっつけて『アルミテープチューニング』で『国際特許』を取っちゃったみたいだけど…

まあ、資金が潤沢なんでしょう。でも、それだけじゃなさそうなんだな? セロテープ(ホームベース型に切る)でも、爪楊枝でも同じような『結果』は出ますからね。

私は、トヨタのはそういう『科学的な装置』の域を出ないだろうと思うワケです。『特許』なんかで『理屈』をつけるほど『自由さ』と『自在さ』から遠ざかるような気が…

スポンサーがどこのどんな会社だったか忘れましたが、40年ぐらい前のテレビCMに『地球はマテリアルの惑星』というキャッチフレーズが使われていたのを覚えてますが。

地球上に存在するあらゆる素材が、それぞれに素晴らしい『特性』を持っているのに、素材を『アルミ』に限定することで、これからの『可能性』を狭めたのではないか？

そんな気がしないでもないですね。『Uso800』は、個人の研究なので制約は多いものの、様々な金属、パワーストーン、昆虫の羽など、使っている素材は多岐に亘っています。

さて、このように、『Uso800』は科学的に『効果』を顕すだけの性質のものではなく『非科学的』…というより、ある意味『超科学的』『未来科学的』な存在だと思いますね。

『理屈』は後から優秀な学者の皆さんが『解明』あるいは『屁理屈つける』かしてくれるでしょうから、今は『効果』のみを喜んでいただければよいのではないでしょうか？

かくも『いい加減』な『Uso800 ワールド』へ『現代のガリレオ・岩崎士郎のワールド』へようこそ！ ウソだらけ『20世紀』から真っ赤な真実（ホント）な『21世紀』へ。

ともに歩いてみませんか？

２０１６年10月吉日

空間エネルギー研究所長　岩崎士郎拝！

参考資料３　公証人役場に提出した書類

無電源充電

コイルと鉱石パワーで電源を必要としない電池の充電が可能性が出てきた。

電源を必要としない充電とは、電源のないところで、そこに置くだけで電池が充電できるということである。

鉱石粉を混練した塗料（カタリーズ）を塗ると劣化した乾電池が復活することは先述した。

また、鉱石粉を共析させためっきについても先述した。

関英男先生、リンゴの木村先生、品川次郎先生の宇宙船のエネルギー源が珪素とコイルだと知って試してみた。

鉱石粉共析めっきしたテラパワーリングにコイルを接着させた物に動きが止まった腕時計を置いたところ、一夜にして正常に時を刻み始めた。

また、懐中電池の光輝度の落ちた物を置いたところ輝度の復活が認められた。

原因はわからないが。無電源で充電の可能性が出てきたので。これならば誰でもできると考えられるので写真を参考にお試しいただきたい。

また、近くにアンテナがあれば効果があるようであり、アースについてはあまり差は認められなかった。

平成 27 年 8 月 26 日

愛知県豊田市広田町稲荷山 20 番地

高木利治

確定日付登簿第　四〇四　号

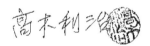

珪素電池

珪素または珪素を含有する鉱石に水を作用させ起電力を利用した電池である。

アルミニューム、マグネシュームなどの陰極金属容器に鉱石紛体と水を入れ、炭素、銅などの陽極金属を挿入して成る電池であって、水を補給すれば発電を継続する電池である。

既存の電池は，酸、アルカリなどの薬品、さらに電極としてレアメタルなどを必要とするものなどであるがそれらを全く必要とせず、かつ水を補給すればいつまでも使用できる長所がある。

平成 27 年 8 月 26 日

愛知県豊田市広田町稲荷山 20 番地

髙木利治

確定日付登簿第 四〇五 号

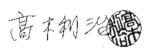

珪素波動電池

木、紙、プラスチック、セラミック、ガラスなどの容器に、天然鉱石など珪素を含有する鉱石粉を塗料に混ぜ容器の外面に塗布、または鉱石粉混合塗料を塗布した粘着テープを容器外面に接着し、容器に水を入れ、陰極、陽極を入れてなる電池であって。珪素に直接触れることなく、珪素の波動を利用した電池である。此の電池で得られる電気は電極の種類によっても異なるがマグネシウムとカーボンでは2．1ボルト鉄とカーボンでは1．5ボルトであった。

また、紙、プラスチック、ガラスなどの管に鉱石粉混練塗料、塗料塗布テープを設置したものに、銅線、アルミニウム線をコイルにし、管の外面に数センチ離して設置し、銅線にプラス、アルミニウム線にマイナスとして計測すると0,3ボルトから0，5ボルトを計測した。これは極間距離の差であると考えられる。

いずれにしても珪素の波動を電気エネルギーに変換したものと考えられる。

平成27年8月26日

愛知県豊田市広田町稲荷山20番地

髙木利治

確定日付登簿第 四〇六 号

（＊編集部より　参考資料として論文が続きますが、横書きになりますので、お手数ですが197ページから読み進めていただけるようにお願いいたします）

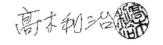

４、生活関連に対する利用

（１）調理添加剤として

煮物に珪素水を数滴加えると味が改善される。

（２）果物、野菜などの酸化防止

５．その他

（１）血行の改善

（２）体内電位の向上

（３）放射能の除染効果

結論として珪素は、宇宙から有益なエネルギーを取り込み、電気、あるいは、成長エネルギーに転換しているのではいかと考えられる。

これは素人の私が実験して得た結果であって、専門機関の証明を受けたものではないので、あくまでも参考資料です。金をかけずに誰でもできる可能性をお伝えしたいと思い申し上げるまでで、皆様の実用の参考になれば幸いでございます。

なお、医療効果に関しては、専門の医学博士の方々が、珪素のすばらしい医療効果について発表しておられますので私の体感を申し上げるにとどめます。

以上

防煙剤……油、プラスチックなどの燃焼炎に噴霧すると黒煙が消える(火炎消火)

（2）非粘着剤として（ゴム、プラスチック、などに含浸して）離型剤不要のほかしゃもじ等実用化されている

（3）衝撃吸収剤としての珪素……ゲル状にして実用化されている

（4）高温絶縁体としての珪素

（5）消泡剤としての珪素……豆腐など食品加工用に使用されている

（6）燃料添加剤としての珪素……燃費向上と CO_2、NO_X の低減

3．農業への活用

（1）発芽促進

珪素水1000倍液に浸漬すると30％の時間短縮ができる。

（2）成長促進効果

珪素水、珪素粉体を与えると活性化し、成長促進効果がある。(中島敏樹著『水と珪素の集団リズム力』参照)

（3）野菜などの食味の改善

野菜、果物など食品に珪素水を噴霧すると、酸化防止になり、おいしさが持続する。

（4）無農薬栽培助剤

植物が活性化して害虫、病気が付きにくくなる。

（5）土壌改良剤として

田に少量入れると、10年以上たっても作柄がおちない。

（6）プランター用土に珪素を入れて電極をセットすると栽電できる。

これは、出力が低下して廃棄された電池に、この塗料を3㎜幅くらい塗布すると、起電力が回復する。また、この塗料を自動車のエンジン付近（エアークリーナー、ラジエーター、燃料パイプなど）に塗布すると、エンジン音が低くなり燃費が10％くらい向上する。

（3）バッテリー材料

珪素＋天然石で、酸、アルカリ、などの薬品の必要はなくなる。

電極に珪素などの複合めっき、または、溶射、塗装などの方法により装着した電極を用いれば、自己充電バッテリーとすることができる。

①珪素水に電極をセットすると1電極あたり0.6Ｖが得られた。

②金属、布、紙などに、珪素または珪素化合物を複合させためっきした電極で超薄型バッテリーにもなる。

（4）水の分解による水素簡単採取

電気分解の必要なく、珪素触媒により可能であることがわかった(燃料電池用水素)。水中に珪素を入れて攪拌または加熱で水素が発生する。

注意：密閉容器で攪拌すると容器を破損する恐れがある。密閉が弱いと噴出してしまうから注意しなければいけない。

2．工業材料としての珪素

（1）超硬材料としての珪素のほか潤滑剤、防炎、防煙剤としても極めて有効

潤滑剤……金属、プラスチックなどのしゅうどう面に用いれば
　　　　PTFEに次ぐ効果

防炎……布、プラスチックなどに含浸して、難燃、防炎効果

ないですか？」と話したら、「珪素が燃料になるのかね？」とおっしゃいました。

珪素には私たちにはわからない何かがある……そうしているとき東学先生から珪素学会を紹介いただき、珪素が水に溶けることを知り、「これだ！」と新しい展開が始まりました。

しかし、これをエネルギーに結び付けるにはどうしたら良いのか、さまざまな試行錯誤を繰り返しながら、いろいろのことがわかりましたので報告します。

1．発電材料としての珪素

（1）波動発電――光を必要としない太陽光発電

通常は珪素基盤に太陽光などの光線を受けて電気に変えるものだが、光も波動であって、光に変えて光に相当する波動を与えれば、電気に変換できるはず（橘高啓先生提唱）とアドバイスを頂いた。そこで、数種類の天然石粉を混錬して塗布したところ、10～20％の電位の上昇を確認した。

①光を必要としないならば密閉し超薄型乾電池になる可能性がある。0.5mm厚以下になるのではないかと考え、テストした結果、1セルあたり1.2～1.8Ｖを確認した。

②珪素、花粉炭をナノ化して塗布したところ0.8～1.2Ｖを、さらに太陽光に当てたら1.4Ｖを確認した。

③金属材料に珪素複合めっきをして、紙、布、などに含水させて接触させたところ、0.8Ｖを確認した。

（2）起電力回復

珪素含有塗料――商品名〝カタリーズ〟1995年開発発売

◎論文－６　（珪素医学会資料）

珪素の活性とパワーの活用法

高木　利誌
2012. 5.19　大阪

お話に先だち申上げておかなければならないことがございます。実は、私はまったくの素人でございまして、多くの先生の教えをいただきそれをつなぎ合わせてでき上がったものであって、ご紹介をいただきましたような発明家ではありませんので、ただの実験者ということでご理解をいただければありがたいです。

「UFO のエネルギーはこれだよ」知り合いの社長さんに紹介して頂いて、電気博士の関英男先生にお目にかかったおり、先生が出されたのは、水晶でした。水晶即ち珪素であり、珪素に関心を持ったのはこのときでありました。それにしても、珪素とエネルギーとはなかなか結びつきませんでした。もう一度お目にかかってお尋ねしたかったのですが、お目にかかった１か月後他界され、お尋ねすることができませんでした。

その後、りんご農家の木村秋則先生が UFO に乗られたということを聞き、さっそくお目にかかってそのときの状況をうかがうことにしました。先生は、「乗組員に動力源を尋ねたら、ケーといったけどケーはカリだわね」とおっしゃったので、「何語で話しました？」と聞くと、「日本語」とのことでした。「日本語でケーなら珪素では

Both painted metal surfaces were then placed in seawater for a duration of 1 year. At the end of this period they were removed from the seawater. Green Algae had grown on both surfaces, but seashells could only be found on the blank sample. Both surfaces were then subjected to a stream of seawater at a speed of 5 knots. The metal surface that had been treated with the new paint formulation was readily cleansed from green algae and appeared in a clean state. The thick layer of green Algae and sea shells found on the blank sample were not removed by this treatment.

It is concluded that the newly developed paint has an important potential in decreasing fuel consumption if applied in ships.

（訳文なし　参考資料として）

◎論文－5

DEVELOPMENT AND APPLICATION OF ALGAE RESISTANT PAINT

Tomohiro Takaki, Toshiji Takaki and Torsten Spitzer
Takaki Tokushu Kogyo,
20 Inariyama, Hiro-cho, Toyota 473-0912, Japan

<Abstract>

The growth of green Algae is observed on the body of vessels that are in seawater for a prolonged time. Furthermore, seashells stick to the surface and are not removed by a water flow. These effects are detrimental to the physical properties of the surface and cause an increased fuel consumption in ships.

We investigated different methods of ameliorating such undesirable surface deterioration. We found that the nature of paint has a substantial influence on these effects.

A paint formulation containing carbonized plant materials and ground natural minerals was applied to a metal surface. A blank was prepared on the same metal surface with ordinary paint. The application of the paint was done either by spraying or by brush painting.

雑草の発芽抑制効果を確認したが、土地、地質に与える影響、稲に与える影響、収穫した米への影響は今後の調査に委ねる。

３．結び

ディーゼルエンジンの黒煙や、消火作業時の黒煙除去技術を開発中に、容器や、防震材がとけたことをヒントにできたものであって、常温、常圧、特別な装置を必要としない、植物抽出液といった、誰でも、どこでも簡単にできるごみ減量対策であり、更に有効利用がはかれないか実験中である。

※　杉、桧、松、モミ、ユーカリ、ティートリー、アマパ、スクーバ、ジャトバ、コパイバなどの樹種にて試みたが、コスト、色、溶融速度から、ユーカリ、ティートリー、スクーバの混合液を選定した。

(1) 実験Ⅰ

常温のユーカリエキス、ティートリーエキスによって試みた。最初は非常に速く溶解を開発し、泡を発しながら激しく溶け、飽和点に近付くにつれて溶解速度が落ちるが、発泡30倍のもので、溶液1容に対して30容近辺で飽和点に達し、溶液も粘度を増す。

(2) 実験Ⅱ　溶融した液に水を注いだところ、白色のスチロール樹脂がゲル状に分離を開始し、水の上部、樹エキスの下部、即ちエキスと水の中の間に分離して上部のエキスは元の粘度に戻り更に発泡スチロールを投入したところ再び溶解を開始した。又、ゲル状のスチロール樹脂を取り出し自然乾燥させたところ樹脂原料として再利用可能の状態であった。

(3) 実験Ⅲ

溶解したエキスを、ディーゼルエンジン、ガソリンエンジン車に1/2000、1/1000、1/500、1/100と増量して走行テストを行っているが、ディーゼル車特有の黒煙もほとんど出なくなり、90％カットが可能である。

エンジンノックも少なくなり音も静かになったとモニター全員(10人)の意見である。

更に、走行試験を続行し、エンジンに対する影響及び他機関に与える影響について調査中である。

(4) 実験Ⅳ

溶解した液を水を張った実験田に流したところ、水面に広がり、

◎論文―4

廃プラスチックのリサイクル

鹿島共同火力㈱［東京電力㈱］　正会員　落合康伸
高木特殊工業㈱　正会員　高木利誌

1．はじめに

プラスチックを天然素材によって分解、又は自然分解の可能性と更にその促進方法を究明する過程において、植物性抽出液による溶解、溶融、分解について、プラスチックの種類と、その対応する植物抽出液を特定し、プラスチックのリサイクル、再利用及び無害化処理の方策について検討する。

2．着眼および経過

植物性抽出液による、消臭剤、消火剤、防炎、防火、消煙剤などを試作する時、抽出液保管容器選定にあたり、プラスチック容器を溶解させる物、分解させるものがあり、溶解再利用の可能性について実験を試みた。塩化ビニール、ブタジエン、ポリエチレン、スチロールなど熱可朔性樹脂について種々試みたが、今回は発泡スチロールについて実験した事実について報告する*。

なことを想起すれば理解が得られるのではないだろうか。

5．電池への応用

電池とはめっきの応用であり、めっきの逆用であることは御存じの通りであるが、カタリーズ塗布（注１）とこの酵素を添加することにより電池寿命は飛躍的に延長することが可能になった。これは極性の酸化・劣化の防止効果の結果、極面の清浄効果がはかられるためではないか、と考えられる。自己充電永久電池の可能性も否定できない。

（注１）カタリーズとは、当社が開発した複数の宝石粉を混合した塗料で、外面塗布で消耗した電池の再生ができるという触媒塗料の商品名である。

①　②　③　④　⑤　⑥
脱脂→水洗→アルカリ→水洗→シンジケート（Zn）→水洗→
⑦　⑧　⑨　⑩　⑪　⑫
酸処理→水洗→シンジケート（Zn）→水洗→めっき→水洗

この液によると、

①　②　③
酵素水洗→めっき→酵素水洗

と、大幅に短縮できる。

ただし、化学的前処理（従来法による場合）に比し、時間を要する点に問題を残す。しかし、排水処理には前述の通り金属の錯化剤の利用により、大幅に工程短縮と安全性が約束できる。排水処理については、そのまま流しても無害と考えられ実験中であるが、後日改めて報告することとする。

4．めっきへの応用

めっき液にこの液を1/1000～1/2000添加すると、めっき液の老化が大幅に改善できる。

実験の一例をあげる。

めっき液中にテフロン（通称チフツ化エチレンのデュポン社製商品名）やセラミック、宝石粉などを入れた複合めっき液は2～3ロットで液老化をきたしてきたが、1/2000の添加で50ロット以上になっても補充のみで充分であり、密着性、光沢共に充分であった。

これはあたかも胃液中に酸を常に一定に保って安定しているよう

【実　験】

1．植物エキス（植物性エキス）

(1) 樹木エキス

油分を分離した水分にも、油分解能力が認められるが長時間を要する。植物細胞を通過した植物性単分子水は油とも水ともよくなじみ、比較的早い脱脂力が認められる。金属との親和性もよい。しかし、金属表面に保護膜（これを仮に植物性有機錯化膜と呼ぶ）を生成させるものがあり、防錆効果の認められるものもあるが、めっき前処理としては錯化膜除去工程を必要とする場合がある。

(2) 雑草エキス

路ばたの雑草エキスを砂ごししたもの又は、動物の腸を通って来たものは脱脂力もあり、錯化膜を生成しないことが多い。(生成する可能性が零であると断言できないし、実験不足かもしれない)

2．動物性酵素

植物性酵素に比し、脱脂力は劣るが、酸化被膜除去、活性化能力を持つ。

3．1、2を混合すると水溶性脱脂活性液となり、金属の脱脂と酸化被膜除去、防錆能力が認められた。特にアルミニウム表面の脱脂水洗後の表面活性維持にも役立つようである。そこでアルミニウム上へのめっき工程を例にあげると、

⇔油（水を油に、油を水に）も触媒の如何によっては可能ではなかろうか。

専門の先生に尋ねると、初歩の馬鹿げたことと言われるかもしれないけれど、自然の営みの中には普通では考えられないようなことが、いとも簡単に行われている。

自然は全く素晴らしい。何気ない普通の営みの中に驚異的なパワーを感じざるを得ない。

さて、ひるがえって私共は表面処理業者として様々な薬品を使い脱脂工程で油と闘い、薬品の老化と闘い、老化液の処理と闘っている。

庭の木や路傍の草花や、魚や、豚や、牛を眺めながら問いかけてみた。

「もっと自然に聞いてみろ」

と、教えてくれているようであった。

自然をベースに実験を試みた。

植物や、蟻や蜂は、腐らず、枯れず、水も油も自由に摂取し、吸収し成長している。これはどういうことであろうか。ある種の物質か（酵素？　ホルモン？）。

自然の営みの中にあらゆる必要なものを合成し、自然の配分を保っているのではなかろうか。またエネルギーは膨大な成長エネルギーというか、膨大な電位を内臓して、電気分解、電気合成しているのではなかろうか。

◎論文ー3

家畜の排泄物はなぜめっきや電池を変えることができるか

動物の体内、消化器系の消化液の中に塩酸が存在し、塩酸々性であることは周知の事実である。家畜の排泄物が植物エキスを発酵させて得られた液をめっき液中に添加したところ、めっき液寿命を飛躍的に延長し光沢も良くし、品質も向上した。また、電池の電解液に添加したところ電池寿命の延長を確認した。しかし塩酸を摂取した訳ではなく塩として取り入れ、これを分解して生成したものと考えられる。また、排泄物として塩酸を排出することもない。再び塩分として排出している。油分もまた親水性のない油を取り入れるのに排泄はしない。体内で親水化し分解し、塩酸々性消化液は水も油も吸収溶解させることができ、この触媒は酵素ではないかと考えられている。そこで様々な実験を試みた。

一方、植物は根からミネラルなどを水溶液として吸い上げ、これを光合成などを通して植物油を合成している。これもまた、ある種の酵素であると考えられている。

私の実験でも、プラスチックの花さし台に籾を蒔き水道水と雨水のみを与えたところ立派に稲が成長。各茎は 22 本に分けつつ、それぞれに 60 粒以上、1400 粒くらいの米粒を結実、その米粒は澱粉も、油も合成されていることを確認している。

また、水中生育でもどれも立派に油を貯えている。水を吸収して、或いは水中でどうして油を合成してゆくのであろうか。或いは、水

③この塗料をコーティングした容器の中に水を入れて撹拌した場合、水、油が任意の割合で混合できるほか或る種の樹脂も水に溶融できることを確認している。

以上のように触媒塗料は起電力の回復のほか発電力に近いものが考えられる。

水素イオンバッテリーと二重層キャパシター家電装置（東博士試作品）

(追加分の訳文)

1995年の春の日の夕方、「触媒塗料を塗ったら乾電池が回復した」と、メンバーの一人から弾んだ声で報告が入った。

・車の有害排気ガスを減らす

・水の改質

を目的に約100人のメンバーに、使い方及び結果の確認のために配布した鉱石の粉体を混ぜた塗料を使って実験して頂いたところ思わぬ結果の報告であった。CO_2、NOx、ディーゼルスモックの減少は確認されていたが、乾電池起電力の回復する事については、この時から実験が始まった。

乾電池の起電力の回復については、論文の通りであるが、最近の実験の結果について付け加える。容器の外面に塗布することにより、

①石油、アルコール、水など水素分子を有する化合物より水素を分離して水素を燃料とする燃料電池（むしろ水素イオン電池といった方が適切かもしれないが)。何故ならば、水素の＋イオンと－イオンを分離し、＋イオンを内部電極に蓄積し、放電するイオン電池と考えられるからである。この際の電池は純金属導電体よりも、カーボンや異種金属などの複合体又は合金の方が蓄電率が高いことが確認された。また、水素含有液に塩化ナトリウム、硫酸ナトリウムなどと動物性消化酵素を加えるとよい効果が得られた。何故なら動物の消化酵素は、水も油も水溶性吸収可能体にすることからも想像できるはずである。

②溶液に塩化物、又は硫化物金属として金属化合物を入れれば、水素と共に混入金属を極板に析出させ電荷を与えずに電気めっきが可能となることが確認できた。

digestive enzyme is added to hydride liquid together with sodium chloride and sodium sulfide, because such enzymes can turn both water and oil to water soluble absorber.

2) Addition of chloride or metal compound such as metal sulfide to the solution makes the hydrogen and mixed metals discharge onto the plate, thus enabling electroplating without an electric charge.

3) Stirring water in the container coated with this catalytic paint is confirmed to make a certain kind of resin soluble in water as well as make the water and oil mixable at an optional rate.

pressure.

＊以下、論文-1には無い、未踏科学技術国際フォーラム向けに追加した英文

On a spring evening in 1995, one of the members excitedly reported that the dry cell battery recharged when catalytic paint was applied.

This is a report on a experiment using paint mixed with gem dust distributed to around 100 members to check on how to use it and the results in reducing harmful auto fumes and the improvement of water quality. The reduction of CO_2, NOx and diesel fumes was confirmed, and the study on the recycling of dry cell batteries started then.

Restoration of the battery' s electromotive force is as described in my paper, to which the recent experiment results should be added as below.

1) Application of the catalytic paint to the outside of the container leads to possible production of the fuel cell by extracting hydrogen from such compounds as petroleum, alcohol, water, etc. to be used as fuel, through it may be more appropriately called a 〝hydrogen ion cell〟 than a 〝fuel cell,〟 because it is an ion cell with the plus ion concentrated in the inner electrode for discharge with the minus ion. In this case a composite or alloy consisting of carbon and different metals has been found to be a better accumulator than a pure metal conductor. Also, better results are obtained when animal

mineral plating liquid. This is much more effective and useful than coating, but its application is more limited in view of cost and workability. Batteries, engines and their perpherals are considered to be very good areas for application.

(2) Paper and cloth made with mineral

The mineral powder has the same application effect on paper cloth as with the coating.

(3) Ink and bonding agents

Restoration of batteries as with the coating was demonstrated by mixing mineral powder with paper or cloth into ink or bonding agents.

(4) Mixing with plastics

(5) Mixing with metals

Other applications using substitutes for coating are conceivable for practical use.

(6) Application example 1

If this coating is applied to the exterior of the plating tank, and electroconductive materials are put into a solution for electroplating such materials as gold, silver, bronze, nickel, or chrome inside the tank, then these metals can be non-electrolytically plated at room temperature, without passing electricity through the solution.

(7) Application example 2

If this coating is mixed with metal oxide and applied to the exterior of a polypropylene container, and metal pieces are placed inside, the target metal can be plated at normal temperature and

DISCUSSION

The major component of the mineral coating is tourmaline. Its composition is typically indicated by 3{NaX5Al6(BO9) SiO18(OH9F)4} X=Mg, Fe, Li··· Its electric characteristics, especially piezoelectric and current collection, are said to have a permanent electrode just as in the permanent electrode in a permanent magnet. This electric pole will not wear away due to the outer magnetic field under normal temperature and atmospheric pressure) permanent electrode). A recent scientific report indicated that this permanent electrode disappears at around 1000 ° C just as the magnet loses its spontaneous magnetization at Curie temperature. As for spontaneous polalization, the BO88-layer and Sc44-layer exist alternatively along the C-axis. Sc44-, which is said to be hexahedral, when arranged in one direction, has a polarity leading to self-polarization. According to data made public, a thin layer of around 10 odd microns possesses a high electric field of 107(V/m)-104(V/m). When a polar molecule such as water touches the surface of these layers, a great electrochemical effect is supposed to result.

OTHER APPLICATIONS

(1) Mineral power composite plating

This is a eutectic plating where mineral powder included in the plated layer by plating with mineral powder suspended in the by the Sanitary Dept. of Toyota City Hall. When the mineral coating was applied to a 5-10 mm strip on the battery outer surface as shown in Fig. 1, a 0.003 to 0.005 to 0.005V voltage increase was observed. It is plotted as shown in Fig. 2.

Repeated applications resulted in another voltage increase.

Depends on wavelength of mineral

Reduction of the cycle length and extension of effective time are achieved by combination of various mineral coatings, the mix ratio being a very important factor. As is well known, tourmaline has a permanent electrode. Adding something with amplification function to tourmaline results in remarkable amplification, commutation and stabilization functions, enhancing the self-recharging capacity leading to longer service life.

(3) Having applied this coating to the outside of a dead battery from an electric razor and drying it for about 20 minutes, the razor became operable; it has been in daily use for six months now.

(4) When applied to the outside of a water pipe, the water passing through the coated pipe shows surface-active, corrosion removing, penetration and dissolution effects. Thus, it is considered to remove corrosion and oxidized film of the electrode and reduce formation of oxidized film. For this reason, the coating is considered to bring some good engine effects through water coolant duct pipes in car, boat, and boiler engines.

container, both used and new battery containers are of almost the same strength. Keeping this point in mind, we developed a mineral coating (hereinafter referred to as catalytic coating) to coat the container and restore electromotive force and tested it for effects and performance. Each battery has a different inner resistance, which always consumes electricity. When lowered electromotive force can no longer make up for the loss due to inner resistance, loss of electromotive force results.

Increased inner resistance is considered to relate to chemical deterioration. Moreover, decreasing the inner resistance and restoring electromotive force are considered virtually impossible. By applying a catalytic coating to a used battery to lessen this inner resistance, a deactivated, thereby dramatically extending the battery' s service life. This will serve to reduce the volume of waste.

TESTS AND RESULTS

Restoration testing of discarded batteries

(1) Battery in inoperative wristwatch

When the mineral coating is applied to the back of a wristwatch, it started to operate, working normally for eight months. Then, it began to register two hours' delay per day. It has been operating normally for 10 months now since it resumed normal operation after being placed on a jewel composite plate for about 10 hours.

(2) The restoration test was conducted with dead batteries collected

◎論文－2（未踏科学技術国際フォーラム発表・また、論文－1の英訳文）

Reviving Batteries by Mineral Coating

Toshiji Takaki
Takaki Tokushu Kogyo Co., Ltd.
20 Inariyama, Hirota-cho, Toyota 473, Japan

KEY WORDS: Catalytic Coating/Battery Restoration/Tourmaline

ABSTRACT

By applying a coating into which various powdered minerals, including primarily tourmaline, have been mixed to the exterior of a dry cell battery which have lost its electromotive power and can no longer be used again. Such coatings are called catalytic coatings.

INTRODUCTION

Generally, a battery immediately becomes waste, when it runs out of electromotive force because it can no longer be charged. The problem is that recycling takes much work; after removing the container, it must be disassembled and the components sorted out for separate collection. When there is no apparent damage to the

き層中に鉱石粉ができるのが共析めっきであるが、これは塗装に比較して効果も高く有効性は優れているが、コストの面、作業性の面から塗料より利用が限定される。それでも、電池への応用、エンジン周辺部品への応用としては非常に有用な分野である。

(2) 鉱石すき込み和紙

鉱石すき込み和紙は塗料と同じ使用効果があるが家具、壁紙として利用すると室内の消臭、除臭に効果があるほか、衣服につけておくと肩こり、腰痛に効果があったとの報告を受けている。

(3) インク、接着剤

インクや接着剤に鉱石粉を混合したシールを貼布することにより、塗料同様乾電池の回復に効果がある。

(4) プラスチックへの混練

プラスチック部品への混練することによりバッテリー外容器、その他水槽内の水の改質に効果が認められる（代替有機溶剤、脱脂槽として)。

(5) 工業用の改善（代替フロン）

(6) 農業用水の改善（減肥増収30％～50％）

市販の塗料に、セラミック粉、金属粉などに添加したものもあり、またのっきにもテフロン粉、セラミック粉、ダイヤモンド粉などを共析させたものもあるが、いずれも耐食、装飾などの物理的機能を目的とするものであった。

しかし、触媒といった化学的機能を主眼とした点に新規性と独創性があると考えられる。

また、外面に処理するといった、非接触であるために、機能の永続性と経済性作業の容易性がある。

本技術の経済社会へのインパクトとしては、

①脱脂用有機溶剤の代替、及び金属表面処理の大幅な工程短縮

②起電力の向上による、自己発電型永久電池への展開

③燃焼効率の改善と、排気ガスの再燃料化への展開

④有害ガスの発生の減少

経費節減、環境浄化など多大な効果が期待できる

⑤交通手段としての動体（自動車、船、電車等）の外装による有害ガスの分解への展開

当該テーマに関し、国内外に報告されたものは認められない。

6．応用実例化

(1) 鉱石粉複合めっき

金属めっき液中に鉱石粉を懸濁させてめっきすることによりめっ

分とは、容器壁に隔てられて非接触であり、反応系に組み入れられる一般の触媒による効果とは異なるがいずれにしても塗料が流体や起電力に対して、何かの効果を及ぼすことにより、触媒と同様の効果が得られると推定される。

この塗料の特徴は非反応系と非接触があり、塗膜の耐久性が大きく外面のため塗装に伴う労力が少ないことである。また、塗装であるため形状や色を自由に選択することができる。

5．実施例

(1) 自動車のラジエーターの外側に約100平方cmの一層塗りでディーゼル黒煙50％～70％減少のほか、有害芳香属の減少を確認。

(2) 船舶エンジンの燃料パイプ､冷却水系パイプに塗布したところ、黒煙の減少のほか、燃費の大幅な減少（20％～50％)、現在数百隻の実績。大型フェリーにも利用拡大中である。

(3) 市の有害ゴミとして回収された乾電池（アルカリ、マンガン、リチウム、ニカド等どれでもよい）の外部の面積の10％ほど塗布し自己回復型再製電池として寄付している。新しい電池は､シール、メッキによる寿命延長によって、廃棄物として出す量を大幅に減らすことを目標としている。

(4) 工業炉の燃焼効率の改善（8～10％）

数種類の30～90％の減少のほか、燃費も向上し特に船舶では、30～2000トンクラスのもので20％以上の燃費向上したほか排気ガスも大幅減少したとの報告を受け使用が拡大中である（漁船、観光船、大型フェリーなどのエンジンオイルがほとんど劣化せず10倍以上使用できるとの報告を受けている）。

②代替有機溶剤

トルマリンの電極効果により電解し、カソード面でのHの発生はあってもアノード面でのOの発生はない。また、HはH_2O分子と結合してH_3O^+（ヒドロニウムイオン）となることが知られている。また、これがヒドロキシルイオン（$H_3O_2^-$）となって界面活性を有するとされ水道水を有害な有機溶剤の代替剤として利用され始めている。これは、塗料（カタリーズ）として、または槽中投入用固形材（カタラ錠）として利用されている。

③排気ガスの浄化

④水素イオン電池

⑤外部電力を使わない電気めっき

⑥水の臨界水化

トルマリンを主として、その他宝石類などの天然石粉を添加した塗料を試作し、水道管外面に塗布し、通水したところ、ミネラルや植物、動物性の成分を溶かし、水道水の塩素臭を消すほか、自動車エンジン本体及び燃料、吸気、冷却水系統の外面に塗布したところ、エンジンの燃焼性の向上と大幅な煤塵濃度の低下が確認された。

また、この塗料を起電力が低下した乾電池の外側に塗布したところ、著しい起電力の回復効果が見られた。塗料と反応にかかわる成その電気的特性、特に圧電性や焦電性は、永久磁石における永久磁極と同じように永久電極を有することにあると言われている。この電極は常温常圧では外部電場によって消滅はしない（永久電極）。この永久電極は磁石の自発磁化がキュリー温度で消滅するに対応して消滅すると考えられる。温度は最近の学会報告によると1000℃近辺とされる。

また、自発分極は、BO33－とSc44－の層とが、C－軸方向に交互に存在する。６員環を形成するSSc44－が一方に配列するために極性をもち、自己分極を持つとされる。公開されたデータによれば10数ミクロン程度の薄い層で最高107（V/m）～104（V/m）の高電界が存在するといわれる。これらの表面に水などの極性分子が接触すれば大きな電気化学現象が起こると考えられる。

４．実用化

(1) 乾電池の再生

豊田市よりゴミとして収集された乾電池の払い下げを受け鉱石塗料の塗布処理又は鉱石シールの貼布により再生して公的機関への寄付を希望している（処理コストは１個約２円。これは公的機関の要請により中止）。

(2) 電池以外への鉱石塗料の実用事例

①自動車、船舶への実施例

自動車、船舶などのラジエーター、エンジン冷却水、管外部での施用によってエンジン排出固形物の減少（50～70％）有害芳香属

衆知の如くトルマリンは永久電極を持ち、これに増幅機能を有するものを加えることによって、

・増幅機能
・整流機能
・安定機能

を得られ、自己充電寿命化がはかられると考えられる。

(3) 電池消耗により動かなくなった電池カミソリの電池外面に塗布し、約20分後乾燥を待ってセットしたところ、動き出し毎日使用し6ヵ月使用していると報告が入っている。

(4) これを水道管の外部に塗布して通過水を調べると、

①界面活性効果
②防錆効果、除錆効果
③浸透分解効果

が認められたことから、電池電極の除錆、酸化、皮膜の除去、酸化皮膜の形成を少なくするのではないかと考えられる。この理由から自動車、船、ボイラーなどのエンジン冷却水のパイプに塗布することによって冷却水を通じてエンジンに何らかの効果を伝達するものと考えられる。

3. 考察

鉱石塗料の主成分であるトルマリンの代表的な組成は、3{NaX3Al6 (BO3) 3SiO18 (OH9F) 4} X = Mg, Fe, Li…で示され、

2．実験と結果

廃棄された電池の回復実験

(1) 動かなくなった腕時計の電池の回復

腕時計の裏ぶたに、鉱石塗料を塗ったところ動き出し、約８カ月間正常に動いた。

８カ月後、１日２時間の遅れを認めたので約10時間宝石複合めっき板の上に置いたところ再び正常な動きを示し、10カ月経過中である。

(2) 豊田市市役所清掃部の御協力により収集された電池の払い下げを受け回復実験を行った。

図Ⅰのように外周部に５～10㎜幅に塗布したところ、それぞれに0.003～0.005Vの電圧上昇を確認した。

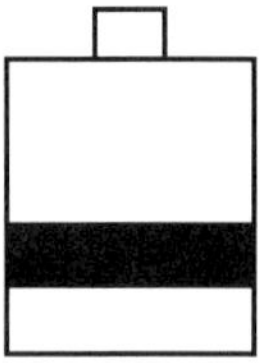

図Ⅰ

これをグラフで示すと図Ⅱのようになる。

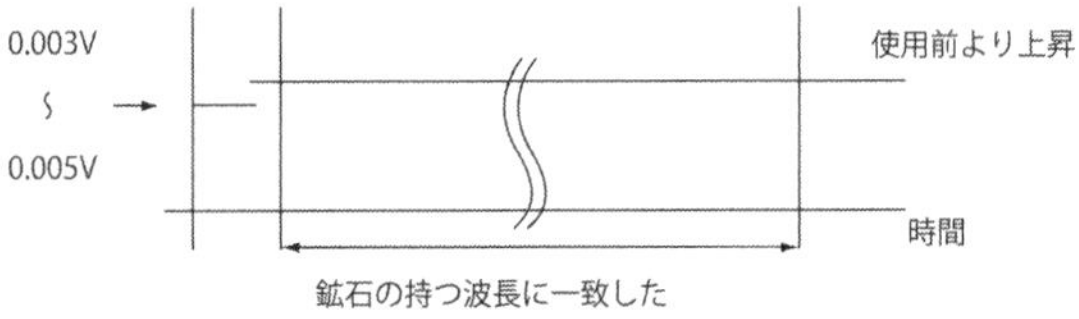

図Ⅱ

使用を続けたところ再び電圧上昇を認めた。

なお、複数の組み合わせによってリサイクルの短縮、有効時間の延長をはかるべく、その混合比もまた重要な要素である。

◎論文－１（廃棄物学会発表）

鉱石塗料による使用済乾電池の起電力回復方法

１．はじめに

一般の乾電池は起電力が低下すると充電が行えないため廃棄物として処理されるが、そのリサイクルは外装を除去してから分解し、構成部品を分別して別々に回収する必要があるため大変手間がかかる問題である。外装に部分的な損傷がない場合、使用済と新品の乾電池がほとんど同じ強度であることに着目して、外装塗装することにより起電力を回復させる鉱石塗料（以下触媒塗料とよぶ）を開発し、その効果と有効性を確認した。乾電池はそれぞれ異なる内部抵抗をもっており、その内部抵抗は常に電気を消費する。起電力の低下が内部抵抗による損失を補うことができなくなると、電気を取り出すことが不可能となる。内部抵抗の増大は電池の化学的劣化に関係するとされており、その低減方法や起電力の回復方法については困難とされる。触媒塗料は、使用済乾電池に塗布することにより内部抵抗を小さくし、不活性化した電気化学反応を賦活《ふかつ》する作用を示すもので、乾電池の使用期間を飛躍的に延伸させることにより廃棄物の減量化に役立つものである。

プロフィール

高木 利誌（たかぎ としじ）

1932年（昭和7年）、愛知県豊田市生まれ。旧制中学1年生の8月に終戦を迎え、制度変更により高校編入。高校1年生の8月、製パン工場を開業。高校生活と製パン業を併業する。理科系進学を希望するも恩師のアドバイスで文系の中央大学法学部進学。卒業後、岐阜県警奉職。35歳にて退職。1969年（昭和44年）、高木特殊工業株式会社設立開業。53歳のとき脳梗塞、63歳でがんを発病。これを機に、経営を息子に任せ、民間療法によりがん治癒。現在に至る。

ぼけ防止のために勉強して、いただけた免状（令和4年10月4日には、6段になった）

念波《ねんぱ》と波動電気《はどうでんき》

高木《たかぎ》　利誌《としじ》

明窓出版

令和六年七月一日　初刷発行

発行者 —— 麻生 真澄
発行所 —— 明窓出版株式会社
〒一六四—〇〇一二
東京都中野区本町六—二七—一三

印刷所 —— 中央精版印刷株式会社

ISBN978-4-89634-479-0

本体価格　1,000 円＋税

「これまでの人生のなか、
戻れるならいつがよいか」

そう問われた高木利誌氏は
「高校3年生。まさに無限の可能性があった。
その次が……現在である」
と答えた。

希望に燃え、指導者に恵まれ、なにものにも代えがたい若さがあったあの頃。しかし 90 余年の人生を過ごしてきた今も、変わらぬスピリットで研鑽を深め、新たな研究開発に邁進していく高木氏の瞳には、若かりしあの頃と変わらない輝きが宿っている。

目　次

「人生とは不思議なものである。
『宇宙の采配』が、常にそこにある気がしてならない」

（あとがきより）

「この世で人類のために尽くせ」——ある日そう夢の中で諭された高木氏は、これは天命と利他主義に徹し、日々社会や人に役立つ技術を模索し続ける日々を送る。
自然由来のさまざまな永久エネルギーの開発に血肉を注ぐ中、そこからつながる人や環境への感謝が、高木氏をさらなる探究へと向かわせる大きなエネルギーとなった。
卒寿を越え、また新たな宇宙の采配が高木氏にもたらすものとは?

本体価格　1,000円+税

目　次

世のため人のため――

63歳で患った末期癌を、自然のすばらしい力により寛解し、90歳になった今もなお精力的に活動する高木氏。

鉱物の力を、自身が培ってきたメッキ技術と融合させ完成させたパワーリング・カタリーズテープの効力には、各界より多数の称賛が寄せられている。

また、

「命を与え、育み、ときに病気も改善するのは水だ」

という悟りに達し、自身の病において鉱物の恩恵にも授かった高木氏は、そのどちらも使用する者の意思を映すものであり、

「ありがとう」

という気持ちがあってこそだと言う。

今もなお猛威を振るう新型コロナウイルスに自身も翻弄されつつ、振り返る90年の人生。

その道中を塞がれることは幾度もあったが、探究心は枯れることなく高木氏を突き動かしてきた。

変わりゆく世の中にあり、なお

「ありがたい時代に
生きさせていただいている幸せに
感謝している」

という高木氏の、感謝と社会貢献はこれからも続いていく。

目次

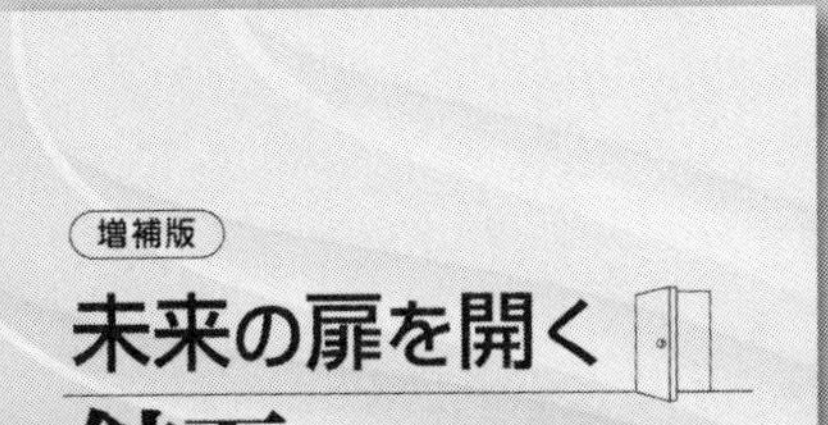

本体価格　1,000円＋税

本体価格　1,000円＋税

戦前、戦中、戦後、そして令和の世と、今なお激動の日本を歩む高木氏。90歳を越え、目まぐるしく変わる日本の情勢、教育、環境を憂いながら、研鑽を重ね、自利利他の精神を体現する高木氏の根底にあるのは、高校時代の恩師の「世のため人のためにお尽くしするのが、一つの使命」という教示であった。

高木氏が開発したカタリーズテープは、医療の現場において難病の快癒に貢献したことが報告されており、さらなる可能性が期待される。

今回は、高木氏自身も体験した鉱石による新型コロナウイルス感染症の寛解にも触れている。

目　次